建筑给排水工程技术探索

马松涛　马　琳　林小闹　著

吉林科学技术出版社

图书在版编目（CIP）数据

建筑给排水工程技术探索 / 马松涛，马琳，林小闹
著 . -- 长春：吉林科学技术出版社，2023.6
ISBN 978-7-5744-0714-5

Ⅰ．①建… Ⅱ．①马… ②马… ③林… Ⅲ．①建筑工
程－给水工程②建筑工程－排水工程 Ⅳ．① TU82

中国国家版本馆 CIP 数据核字（2023）第 137670 号

建筑给排水工程技术探索

著	马松涛 马 琳 林小闹
出 版 人	宛 霞
责任编辑	李万良
封面设计	树人教育
制 版	树人教育
幅面尺寸	185mm×260mm
开 本	16
字 数	290 千字
印 张	13.25
印 数	1–1500 册
版 次	2023年6月第1版
印 次	2024年2月第1次印刷

出 版	吉林科学技术出版社
发 行	吉林科学技术出版社
地 址	长春市福祉大路5788号
邮 编	130118

发行部电话/传真　0431-81629529 81629530 81629531
　　　　　　　　　　　　81629532 81629533 81629534
储运部电话　0431-86059116
编辑部电话　0431-81629518
印 刷　三河市嵩川印刷有限公司

书 号	ISBN 978-7-5744-0714-5
定 价	80.00元

前　言

现代建筑工程是由建筑与结构、建筑设备（包括水、暖、电、气、通信、信息）和建筑装饰工程三大部分组成的。建筑设备中的"水"即为"建筑给水排水工程"，它是现代建筑中必不可少的一个组成子项。因此，在规划、设计和施工中必须强调其自身的特点，同时又要注意它与其他子项之间的有机联系和协调性，使其在体现建筑物整体功能中充分发挥应有的作用。

建筑给水排水工程是研究和解决以为人们提供卫生舒适、实用经济、安全可靠的生活与工作环境为目的，以合理利用与节约水资源、系统合理、造型美观和注重环境保护为约束条件的关于建筑给水、热水和饮水供应、消防给水、泳池给水、建筑排水、建筑中水、居住小区给水排水和建筑水处理的综合性技术学科。

本书主要介绍了建筑给水系统、建筑消防给水系统、建筑排水系统等方面的基本知识和建筑工程技术，以及近年来建筑给水排水工程方面的新技术、新材料、新设备等。

由于笔者水平所限，书中不足之处在所难免，敬请读者批评指正。

目录

第一章　建筑工程概述 ··· 1

　　第一节　中国建筑历史及发展 ··· 1

　　第二节　建筑的构成要素 ··· 5

　　第三节　建筑物的分类 ··· 6

　　第四节　建筑的等级 ··· 8

　　第五节　建筑模数 ··· 9

第二章　建筑制图基础 ·· 12

　　第一节　建筑制图工具 ·· 12

　　第二节　建筑制图标准 ·· 16

　　第三节　投影 ··· 21

　　第四节　剖面图与断面图 ·· 23

第三章　常用建筑材料 ·· 25

　　第一节　建筑材料概述 ·· 25

　　第二节　建筑材料的物理性能与力学性能 ································ 27

　　第三节　常用胶凝材料 ·· 32

　　第四节　混凝土 ·· 38

　　第五节　建筑砂浆 ·· 44

　　第六节　墙体材料 ·· 48

　　第七节　建筑钢材 ·· 54

第四章　建筑施工 ·· 59

　　第一节　建筑施工组织设计 ·· 59

　　第二节　建筑工程测量 ·· 66

第三节　土方工程与浅基础工程施工 ……………………………………… 68

第四节　砌筑工程施工 ……………………………………………………… 73

第五节　混凝土结构工程施工 ……………………………………………… 79

第六节　建筑屋面防水工程施工 …………………………………………… 82

第七节　装饰工程施工 ……………………………………………………… 84

第五章　建筑给排水工程概述 ……………………………………………… 87

第一节　建筑给排水工程概念 ……………………………………………… 87

第二节　建筑给排水工程主要内容 ………………………………………… 89

第三节　建筑给排水工程特点 ……………………………………………… 92

第四节　绿色建筑给排水技术 ……………………………………………… 94

第六章　建筑给水系统 ……………………………………………………… 98

第一节　给水系统的分类与组成 …………………………………………… 98

第二节　给水方式 …………………………………………………………… 100

第三节　常用管材、附件和水表 …………………………………………… 104

第四节　给水管道的布置与敷设 …………………………………………… 110

第五节　水质防护 …………………………………………………………… 114

第六节　给水设计流量 ……………………………………………………… 116

第七节　给水增压与调节设备 ……………………………………………… 117

第七章　建筑消防给水系统 ………………………………………………… 124

第一节　建筑消防给水系统的分工 ………………………………………… 124

第二节　低层建筑室内消火栓给水系统 …………………………………… 129

第三节　高层建筑室内消火栓给水系统 …………………………………… 137

第八章　建筑排水系统 ……………………………………………………… 144

第一节　排水系统的分类、体制和组成 …………………………………… 144

第二节　卫生器具及其设备和布置 ………………………………………… 146

第三节　排水管材与附件 …………………………………………………… 151

第四节　排水管道的布置与敷设 …………………………………………… 155

第五节　排水通气管系统 …………………………………………………… 157

第九章 建筑热水供应系统 ················ 160

　　第一节 热水供应系统的分类、组成和热水加热方式 ······· 160

　　第二节 热水用水量定额、水温和水质 ··········· 164

　　第三节 热水供应系统的管材和附件 ············ 165

　　第四节 加热设备 ·················· 168

　　第五节 热水供应系统的布置、敷设 ············ 170

　　第六节 饮水供应 ·················· 173

第十章 建筑中水系统 ·················· 176

　　第一节 建筑中水系统的组成 ·············· 176

　　第二节 中水水源、水量和水质标准 ············ 179

　　第三节 中水处理工艺与中水处理站 ············ 181

　　第四节 中水管道系统 ················· 185

第十一章 居住小区给水、排水系统 ············· 188

　　第一节 居住小区给水系统的分类与组成 ·········· 188

　　第二节 小区给水管道的布置 ·············· 190

　　第三节 小区给水系统常用管材、配件及附属构筑物 ······ 191

　　第四节 居住小区给水管道施工图 ············· 194

　　第五节 居住小区排水系统 ··············· 195

第十二章 特殊地区给排水管道 ··············· 199

　　第一节 湿陷性黄土区给排水管道 ············· 199

　　第二节 地震区给排水管道 ··············· 201

参考文献 ······················· 203

第一章　建筑工程概述

第一节　中国建筑历史及发展

中国建筑以长江、黄河一带为中心，受此地区影响，其建筑形式类似，所使用的材料、工法、营造语言、空间、艺术表现与此地区相同的建筑，皆可统称为中国建筑。中国古代建筑的形成和发展具有悠久的历史。由于中国幅员辽阔，各处的气候、人文、地质等条件各不相同，从而形成了各具特色的建筑风格。其中，民居形式尤为丰富多彩，如南方的干栏式建筑、西北的窑洞建筑、游牧民族的毡包建筑、北方的四合院建筑等。

中国建筑史主要分为中国古代建筑史及中国近现代建筑史。

（一）中国古代建筑史

1. 原始时期的建筑

原始时期的建筑活动是中国建筑设计史的萌芽时期，为后来的建筑设计奠定了良好的基础，建筑制度逐渐形成。中国社会的奴隶制度自夏朝开始，经殷商、西周到春秋战国时期结束，直到封建制度萌芽，前后历经了1600余年。在严格的宗法制度下，统治者设计并建造了规模相当大的宫殿和陵墓，和当时奴隶居住的简易建筑形成了鲜明的对比，从而反映出当时社会尖锐的阶级对立矛盾。

建筑材料的更新和瓦的发明是周朝在建筑上的突出成就，使古代建筑从"茅茨土阶"的简陋状态逐渐进入了比较高级的阶段，建筑夯筑技术日趋成熟。自夏朝开始的夯土构筑法在我国沿用了很长时间，直至宋朝才逐渐采用内部夯土、外部砌砖的方法构筑城墙，明朝中期以后才普遍使用砖砌法。

此外，原始时期人们设计建造了很多以高台宫室为中心的大、小城市，开始使用砖、瓦、彩画及斗拱梁枋等设计建造房屋，中国建筑的某些重要的艺术特征已经初步形成，如方整规则的庭院，纵轴对称的布局，木梁架的结构体系，以及由屋顶、屋身、基座组成的单体造型。自此开始，传统的建筑结构体系及整体设计观念开始成型，对后世的城市规划、宫殿、坛庙、陵墓乃至民居的房屋产生了深远的影响。

2. 秦汉时期的建筑

秦汉时期 400 余年的建筑活动处于中国建筑设计史的发育阶段，秦汉建筑是在商周已初步形成的某些重要艺术特点的基础上发展而来的。秦汉建筑类型以都城、宫室、陵墓和祭祀建筑（礼制建筑）为主，还包括汉代晚期出现的佛教建筑。都城规划形式由商周的规矩对称，经春秋战国向自由格局的骤变，又逐渐回归于规整，整体面貌呈高墙封闭式。宫殿、陵墓建筑主体为高大的团块状台榭式建筑，周边的重要单体多呈十字轴线对称组合，以门、回廊或较低矮的次要房屋来衬托主体建筑的庄严、重要，使整体建筑群呈现主从有序、富于变化的院落式群体组合轮廓。祭祀建筑也是汉代的重要建筑类型，其主体仍为春秋战国以来盛行的高台建筑，呈团块状，取十字轴线对称组合，尺度巨大，形象突出，追求象征含义。从现存汉阙、壁画、画像砖、冥器中可以看出，秦汉建筑的尺度巨大，柱阑额、梁枋、屋檐都是笔直的，外观为直柱、水平阑额和屋檐，平坡屋顶，已经出现了屋坡的折线"反字"（指屋檐上的瓦头仰起，呈中间凹四周高的形状），但还没有形成曲线或曲面的建筑外观，风格豪放朴拙、端庄严肃，建筑装饰色彩丰富，题材诡谲，造型夸张，呈现出质朴的气质。

秦汉时期社会生产力的极大提高，促使制陶业的生产规模、烧造技术、数量和质量都超越了以往任何时代，秦汉时期的建筑得以大量使用陶器，其中最具特色的就是画像砖和各种纹饰的瓦当，素有"秦砖汉瓦"之称。

3. 魏晋南北朝时期的建筑

魏晋南北朝时期是古代中国建筑设计史上的过渡与发展期。北方少数民族进入中原，中原士族南迁，形成了民族大迁徙、大融合的复杂局面。这一时期的宫殿与佛教建筑广泛融合了中外各民族、各地域的设计特点，建筑创作活动极为活跃。士族标榜旷达风流，文人隐退山林，崇尚自然清闲的生活，促使园林建筑中的土山、钓台、曲沼、飞梁、重阁等叠石造景技术得到了提高，江南建筑开始步入设计舞台。随同佛教一并传入中国以外的印度、中亚地区的雕刻、绘画及装饰艺术对中国的建筑设计产生了显著而深远的影响，它使中国建筑的装饰设计形式更为丰富多样，广泛采用莲花、卷草纹和火焰纹等装饰纹样，促使魏晋南北朝时期的建筑从汉代的质朴醇厚逐渐转变为成熟圆浑。

4. 隋唐、五代十国时期的建筑

隋唐时期是古代中国建筑设计史上的成熟期。隋唐时期结束分裂，完成统一，政治安定，经济繁荣，国力强盛，与外来文化交往频繁，建筑设计体系更趋完善，在城市建设、木架建筑、砖石建筑、建筑装饰和施工管理等方面都有巨大发展，建筑设计艺术取得了空前的成就。

在建筑制度设计方面，汉代儒家倡导的一套以周礼为本的以祭祀宗庙、天地、社稷、五岳等为目的营造有关建筑的制度，发展到隋唐时期已臻于完善，订立了专门的法规制度以控制建筑规模，建筑设计逐步定型并标准化，基本上为后世所遵循。

在建筑构件结构方面，隋唐时期木构件的标准化程度极高，斗拱等结构构件完善，木构架建筑设计体系成熟，并出现了专门负责设计和组织施工的专业建筑师，建筑规模空前巨大。现存的隋唐时期木构建筑的斗拱结构、柱式形象及梁枋加工等都充分展示了结构技术与艺术形象的完美统一。

在建筑形式及风格方面，隋唐时期的建筑设计非常强调整体的和谐，整体建筑群的设计手法更趋成熟，通过强调纵轴方向的陪衬手法，突出了主体建筑的空间组合，单体建筑造型浑厚质朴，细节设计柔和精美，内部空间组合变化适度，视觉感受雄浑大度。这种设计手法正是明清建筑布局形式的渊源。建筑类型以都城、宫殿、陵墓、佛教建筑和园林为主，城市设计完全规整化且分区合理。宫殿建筑组群极富组织性，风格舒展大度；佛教建筑格调积极欢愉；陵墓建筑依山营建，与自然和谐统一；园林建筑已出现皇家园林与私家园林的风格区分，皇家园林气势磅礴，私家园林幽远深邃，艺术意境极高。隋唐时期简洁明快的色调、舒展平远的屋顶、朴实无华的门窗无不给人以庄重大方的印象，这是宋、元、明、清建筑设计所没有的特色。

5.宋、辽、金、西夏时期的建筑

宋朝是古代中国建筑设计史上的全盛期，辽承唐制，金随宋风，西夏别具一格，多种民族风格的建筑共存是这一时期的建筑设计特点。宋朝的建筑学、地学等都达到了很高的水平，如"虹桥"（飞桥）是无柱木梁拱桥（即垒梁拱），达到了我国古代木桥结构设计的最高水平；建筑制度更为完善，礼制有了更加严格的规定，并著作了专门书籍以严格规定建筑等级、结构做法及规范要领；建筑风格逐渐转型，宋朝建筑虽不再有唐朝建筑的雄浑阳刚之气，却创造出了一种符合自己时代气质的阴柔之美；建筑形式更加多样，流行仿木构建筑形式的砖石塔和墓葬，设计了各种形式的殿阁楼台、寺塔和墓室建筑，宫殿规模虽然远小于隋唐，但序列组合更为丰富细腻，祭祀建筑布局更为严整细致，佛教建筑略显衰退，都城设计仍然规整方正，私家园林和皇家园林建筑设计活动更加活跃，并显示出细腻的倾向，官式建筑完全定型，结构简化而装饰性强；建筑技术及施工管理等取得了进步，出现了《木经》《营造法式》等关于建筑营造的总结性的专门书籍；建筑细部与色彩装饰设计受宠，普遍采用彩绘、雕刻及琉璃砖瓦等装饰建筑，统治阶级追求豪华绚丽，宫殿建筑大量使用黄琉璃瓦和红宫墙，呈现出一种金碧辉煌的艺术效果，市民阶层的兴起使普遍的审美趣味更趋近日常生活，这些建筑设计活动对后世产生了极为深远的影响。辽、金的建筑以汉唐以来逐步发展的中原木构体系为基础，广泛吸收其他民族的建筑设计手法，不断改进完善，逐步完成了上承唐朝、下启元朝的历史过渡时期。

6.元、明、清时期的建筑

元、明、清时期是古代中国建筑设计史上的顶峰，是中国传统建筑设计艺术的充实与总结阶段，中外建筑设计文化的交流融合得到了进一步的加强，在建材装修、园林设计、建筑群体组合、空间氛围的设计上都取得了显著的成就。元、明、清时期的建筑呈现出规模宏大、形体简练、细节繁杂的设计形象。元朝建筑以大都为中心，其材料、结构、布局、装饰形式等基本沿袭唐、宋以来的传统设计形制，部分地方沿用辽、金的建筑特点，开创了明、清北京建筑的原始规模。因此，在建筑设计史上普遍将元、明、清作为一个时期进行探讨。这一时期的建筑趋向程式化和装饰化，建筑的地方特色和多种民族风格在这个时期得到了充分的发展，建筑遗址留存至今，成为今天城市建筑的重要构成部分，对当代中国的城市生活和建筑设计活动产生了深远的影响。

元、明、清时期建筑设计的最大成就表现在园林设计领域，明朝的江南私家园林和清朝的北方皇家园林都是最具设计艺术性的古代建筑群。中国历代都建有大量宫殿，但只有明、清时期的宫殿——北京故宫、沈阳故宫得以保存至今，成为中华文化的无价之宝。现存的古城市和南、北方民居旧址也基本建于这一时期。明、清北京城，明南京城是明、清城市最杰出的代表。北京的四合院和江浙一带的民居旧址则是中国民居最成功的范例。坛庙和帝王陵墓都是古代重要的建筑，目前，北京依然较完整地保留了明、清两朝祭祀天地、社稷和帝王祖先的国家最高级别坛庙。其中，最杰出的代表是北京天坛。明朝帝陵在继承前朝形制的基础上自成一格，而清朝基本上继承了明朝制度，明十三陵是明、清帝陵中最具代表性的艺术作品。元、明、清时期的单体建筑形式逐渐精炼化，设计符号性增强，不再采用生起、侧脚、卷杀，斗拱比例缩小，出檐深度减小，柱细长，梁枋沉重，屋顶的柔和线条消失，不同于唐、宋建筑的浪漫柔和，这一时期的建筑呈现出稳重严谨的设计风格。建筑组群采用院落重叠纵向扩展的设计形式，与左、右横向扩展配合，通过不同封闭空间的变化突出主体建筑。

（二）中国近现代建筑

19 世纪末至 20 世纪初是近代中国建筑设计的转型时期，也是中国建筑设计发展史上一个承上启下、中西交汇、新旧接替的过渡时期，既有新城区、新建筑的急速转型，又有旧乡土建筑的矜持保守；既交织着中、西建筑设计文化的碰撞，也经历了近、现代建筑的历史承接，有着错综复杂的时空关联。半殖民半封建地的社会性质决定了清末民国时期对待外来文化采取包容与吸收的建筑设计态度，使部分建筑出现了中西合璧的设计特点，园林里也常有西洋门面、西洋栏杆、西式纹样等。这一时期成为我国建筑设计演进过程的一个重要阶段。其发展历程经历了产生、转型、鼎盛、停滞、恢复五个阶段，主要建筑风格有折中主义、古典主义、近代中国宫殿式、新民族形式、现代派及中国传统民族形式六种，从中可以看出晚清民国时期的建筑设计经历了由照搬照抄到西学中用的发展过程，其构件结构与风格形式既体现了近代以来西方建筑风格对中国的影响，又保持了中国民族传统的建筑特色。

中西方建筑设计技术、风格的融合，在南京的民国建筑中表现最为明显，它全面展现了中国传统建筑向现代建筑的演变，在中国建筑设计发展史上具有重要的意义。时至今日，南京的大部分民国建筑依然保存完好，构成了南京有别于其他城市的独特风貌，南京也因此被形象地称为"民国建筑的大本营"。另外，由外国输入的建筑及散布于城乡的教会建筑发展而来的居住建筑、公共建筑、工业建筑的主要类型已大体齐备，相关建筑工业体系也已初步建立。大量早期留洋学习建筑的中国学生回国后，带来了西方现代建筑思想，创办了中国最早的建筑事务所及建筑教育机构。刚刚登上设计舞台的中国建筑师，一方面探索着西方建筑与中国建筑固有形式的结合，并试图在中、西建筑文化的有效碰撞中寻找适宜的融合点；另一方面又面临着走向现代主义的时代挑战，这些都要求中国建筑师能够紧跟先进的建筑潮流。

1949年中华人民共和国成立后，外国资本主义经济的在华势力消亡，我国逐渐形成了社会主义国有经济，大规模的国民经济建设推动了建筑业的蓬勃发展，我国建筑设计进入了新的历史时期。我国现代建筑在数量上、规模上、类型上、地区分布上、现代化水平上都突破了近代的局限，展示出崭新的姿态。时至今日，中国传统式与西方现代式两种设计思潮的碰撞与交融在中国建筑设计的发展进程中仍在继续发生，将民族风格和现代元素相结合的设计作品也越来越多，有复兴传统式的建筑，即保持传统与地方建筑的基本构筑形式，并加以简化处理，又突出其文化特色与形式特征；有发展传统式的建筑，其设计手法更加讲究传统或地方的符号性和象征性，在结构形式上不一定遵循传统方式；也有扩展传统式的建筑，就是将传统形式从功能上扩展为现代用途，如我国建筑师吴良镛设计的北京菊儿胡同住宅群，就是结合了北京传统四合院的构造特征，并进行重叠、反复、延伸处理，使其功能和内容更符合现代生活的需要；还有重新诠释传统的建筑，它是指仅将传统符号或色彩作为标志以强调建筑的文脉，类似于后现代主义的某些设计手法。总而言之，我国的建筑设计曾经灿烂辉煌，或许在将来的某一天能够重新焕发光彩，成为世界建筑设计思潮的另一种选择。

第二节　建筑的构成要素

建筑的构成要素主要包括建筑功能、物质技术条件、建筑形象。

一、建筑功能

建筑功能是人们建造房屋的目的和使用要求的综合体现。它在建筑中起决定性的作用，对建筑平面布局组合、结构形式、建筑体型等方面都有极大的影响。人们建筑房屋不仅要满足生产、生活、居住等要求，也要适应社会的需求。各类房屋的建筑功能并不是一成不变的，随着科学技术的发展、经济的繁荣，以及物质和文化生活水平的提高，人们对建筑功能的要求也将日益提高。

二、物质技术条件

物质技术条件是实现建筑目的的手段，包括建筑材料、结构与构造、设备、施工技术等有关方面的内容。建筑水平的提高离不开物质技术条件的发展，而物质技术条件的发展又与社会生产力水平的提高、科学技术的进步有关。建筑技术的进步、建筑设备的完善、新材料的出现、新结构体系的不断产生，有效地促进了建筑朝着大空间、大高度、新结构形式的方向发展。

三、建筑形象

建筑形象是建筑内、外感观的具体体现，因此，必须符合美学的一般规律。它包含建筑形体、空间、线条、色彩、材料质感、细部的处理及装修等方面。由于时代、民族、地域文化、风土人情的不同，人们对建筑形象的理解各不相同，因而出现了不同风格且具有不同形象要求的建筑，如庄严雄伟的执法机构建筑、古朴大方的学校建筑、简洁明快的居住建筑等。成功的建筑应当反映时代特征、民族特点、地方特色和文化色彩，应有一定的文化底蕴，并与周围的建筑和环境有机融合与协调。

建筑的构成三要素是密不可分的，建筑功能是建筑的目的，居于首要地位；物质技术条件是建筑的物质基础，是实现建筑功能的手段；建筑形象是建筑的结果。它们相互制约、相互依存，彼此之间是辩证统一的关系。

第三节　建筑物的分类

人们兴建的供生活、学习、工作及从事生产和各种文化活动的房屋或场所称为建筑物，如水池、水塔、支架、烟囱等，间接为人们生产生活提供服务的设施则称为构筑物。

建筑物可从多方面进行分类，常见的分类方法有以下几种。

一、按照使用性质分类

建筑物的使用性质又称为功能要求，建筑物按功能要求可分为民用建筑、工业建筑、农业建筑三类。

1.民用建筑

民用建筑是指供人们工作、学习、生活等需求的建筑，一般分为以下两种：

（1）居住建筑，如住宅、学校宿舍、别墅、公寓、招待所等。

（2）公共建筑，如办公、行政、文教、商业、医疗、邮电、展览、交通、广播、园林、纪念性建筑等。有些大型公共建筑内部功能比较复杂，可能同时具备上述两个或两个以上的功能，一般把这类建筑称为综合性建筑。

2.工业建筑

工业建筑是指各类生产用房和生产服务的附属用房，又分为以下三种：

（1）单层工业厂房，主要用于重工业类的生产企业。

（2）多层工业厂房，主要用于轻工业类的生产企业。

（3）层次混合的工业厂房，主要用于化工类的生产企业。

3.农业建筑

农业建筑是指供人们进行农牧业种植、养殖、贮存等活动的建筑，如温室、禽舍、仓库农副产品加工厂、种子库等。

二、按照层数或高度分类

建筑物按照层数或高度，可以分为单层、多层、高层、超高层。对后三者，各国划分的标准不同。

我国《民用建筑设计统一标准》（GB50352—2019）的规定，高度不高于27.0m的住宅建筑、建筑高度不高于24.0m的公共建筑及建筑高度高于24.0m的单层公共建筑为低层或多层民用建筑；建筑高度高于27.0m的住宅建筑和建筑高度高于24.0m的非单层公共建筑，且高度不高于100.0m的，为高层民用建筑；建筑高度高于100.0m的为超高层建筑。

三、按照建筑结构形式分类

建筑物按照建筑结构形式，可以分成墙承重、骨架承重、内骨架承重、空间结构承重四类。随着建筑结构理论的发展和新材料、新机械的不断涌现，建筑结构形式也在不断地推陈出新。

（1）墙承重。由墙体承受建筑的全部荷载，墙体担负着承重、围护和分隔的多重任务。这种承重体系适用于内部空间、建筑高度均较小的建筑。

（2）骨架承重。由钢筋混凝土或型钢组成的梁柱体系承受建筑的全部荷载，墙体只起到围护和分隔的作用。这种承重体系适用于跨度大、荷载大的高层建筑。

（3）内骨架承重。建筑内部由梁柱体系承重，四周用外墙承重。这种承重体系适用于局部设有较大空间的建筑。

（4）空间结构承重。由钢筋混凝土或钢组成空间结构承受建筑的全部荷载，如网架结构、悬索结构、壳体结构等。这种承重体系适用于大空间的建筑。

四、按照承重结构的材料类型分类

从广义上说，结构是指建筑物及其相关组成部分的实体；从狭义上说，结构是指各个工程实体的承重骨架。应用在工程中的结构称为工程结构，如桥梁、堤坝、房屋结构等；局限于房屋建筑中采用的工程结构称为建筑结构。按照承重结构的材料类型，建筑物结构分为金属结构、混凝土结构、钢筋混凝土结构、木结构、砌体结构和组合结构等。

五、按照施工方法分类

建筑物按照施工方法，可分为现浇整体式、预制装配式、装配整体式等。

（1）现浇整体式。指主要承重构件均在施工现场浇筑而成的。其优点是整体性好、抗震性能好；其缺点是现场施工的工作量大，需要大量的模板。

（2）预制装配式。指主要承重构件均在预制厂制作，在现场通过焊接拼装成整体。其优点是施工速度快、效率高；其缺点是整体性差、抗震能力弱，不宜在地震区采用。

（3）装配整体式。指一部分构件在现场浇筑而成（大多为竖向构件），另一部分构件在预制厂制作（大多为水平构件）。其特点是现场工作量比现浇整体式少，与预制装配式相比，可省去接头连接件。因此，兼有现浇整体式和预制装配式的优点，但节点区现场浇筑混凝土的施工复杂。

六、按照建筑规模和建造数量的差异分类

民用建筑还可以按照建筑规模和建造数量的差异进行分类。

（1）大型性建筑。主要包括建造数量少、单体面积大、个性强的建筑，如机场候机楼、大型商场、旅馆等。

（2）大量性建筑。主要包括建造数量多、相似性高的建筑，如住宅、宿舍、中小学教学楼、加油站等。

第四节　建筑的等级

建筑的等级包括设计使用等级、耐火等级、工程等级三个方面。

一、建筑的设计使用等级

建筑物的设计使用年限主要根据建筑物的重要性和建筑物的质量标准来确定，它是建筑投资、建筑设计和结构构件选材的重要依据。《民用建筑设计统一标准》（GB50352—2019）对建筑物的设计使用年限作了规定。民用建筑共分为四类：1 类建筑的设计使用年限为 5 年，适用于临时性建筑；2 类建筑的设计使用年限为 25 年，适用于易于替换结构构件的建筑；3 类建筑的设计使用年限为 50 年，适用于普通建筑和构筑物；4 类建筑的设计使用年限为 100 年，适用于纪念性建筑和特别重要的建筑。

民用建筑设计统一标准。

二、建筑的耐火等级

建筑的耐火等级取决于建筑主要构件的耐火极限和燃烧性能。耐火极限是指对任一建筑构件按时间 - 温度标准曲线进行耐火试验，构件从受到火的作用时起，到失去支撑能力或完整性破坏或失去隔火作用时止的这段时间，以 h 为单位。《建筑设计防火规范（2018 年版）》（GB 50016—2014）规定民用建筑的耐火等级分为一级、二级、三级、四级。

三、建筑的工程等级

建筑按照其重要性、规模性、使用要求的不同，可以分为特级、一级、二级、三级、四级、五级共六个级别。

第五节　建筑模数

一、建筑模数的定义

建筑模数协调标准

建筑模数是指选定的标准尺寸单位作为尺度协调中的增值单位，也是建筑设计、建筑施工、建筑材料与制品、建筑设备、建筑组合件等各部分进行尺度协调的基础，其目的是使构配件安装吻合，并有互换性，包括基本模数和导出模数两种。

1. 基本模数

基本模数是模数协调中选用的基本单位，其数值为100mm，符号为M，即1M=100mm。整个建筑物及其一部分或建筑组合构件的模数化尺寸应为基本模数的倍数。

2. 导出模数

导出模数是在基本模数的基础上发展出来的、相互之间存在某种内在联系的模数，包括扩大模数和分模数两种。

（1）扩大模数。扩大模数是基本模数的整数倍数。水平扩大模数基数为3M、6M、12M、15M、30M、60M，其相应的尺寸分别是300mm、600mm、1200mm、1500mm、3000mm、6000mm。竖向扩大模数基数为3M、6M，其相应的尺寸分别是300mm、600mm。

（2）分模数。分模数是用整数去除基本模数的数值。分模数基数为M/10、M/5、M/2，其相应的尺寸分别是10mm、20mm、50mm。

二、模数数列

模数数列是以选定的模数基数为基础而展开的模数系统。它可以保证不同建筑及其组成部分之间尺度的统一协调，能够有效地减少使用建筑尺寸的种类，并确保尺寸合理并有一定的灵活性。建筑物的所有尺寸除特殊情况外，均应满足模数数列的要求。模数数列幅度有以下规定：

（1）水平基本模数的数列幅度为 1 ~ 20M。

（2）竖向基本模数的数列幅度为 1 ~ 36M。

（3）水平扩大模数数列的幅度：3M 数列为 3 ~ 75M；6M 数列为 6 ~ 96M；12M 数列为 12 ~ 120M；15M 数列为 15 ~ 120M；30M 数列为 30 ~ 360M；60M 数列为 60 ~ 360M，必要时幅度不限。

（4）竖向扩大模数数列的幅度不受限制。

（5）分模数数列的幅度：M/10 数列为 1/10 ~ 2M；M/5 数列为 1/5 ~ 4M；M/2 数列为 1/2 ~ 10M。

三、模数的适用范围

（1）基本模数主要用于门窗洞口、建筑物的层高、构配件断面尺寸。

（2）扩大模数主要用于建筑物的开间、进深、柱距、跨度、高度、层高、构件标志尺寸和门窗洞口尺寸。

（3）分模数主要用于缝宽、构造节点、构配件断面尺寸。

四、构件的三种尺寸

1. 标志尺寸

标志尺寸应该符合模数数列的规定，用于标注建筑物的定位轴线，或定位面之间的尺寸，常在设计中使用，故又称为设计尺寸。定位线之间的垂直距离（如开间、柱距、进深、跨度、层高等）及建筑构配件、建筑组合件、建筑制品有关设备界限之间的尺寸统称为标志尺寸。

2. 构造尺寸

构造尺寸是指建筑构配件、建筑组合件、建筑制品等之间组合时所需的尺寸。一般情况下，构造尺寸为标志尺寸减去构件实际尺寸。

3. 实际尺寸

实际尺寸是指建筑物构配件、建筑组合件、建筑制品等生产出来的实有尺寸。实际尺寸与构造尺寸之间的差数应符合建筑公差的规定。

第二章　建筑制图基础

第一节　建筑制图工具

一、建筑制图常用工具

学习建筑制图前，首先要了解各种建筑制图工具的性能，熟练掌握它们的使用方法，加快制图速度，才能保证制图质量。

在进行建筑制图时，最常用的建筑制图工具有图板、丁字尺或一字尺、三角板、比例尺（三棱尺）、圆规、分规，以及绘图笔、模板等。

（一）图纸

图纸有绘图纸和描图纸两种。绘图纸用于画铅笔图或墨线图，要求纸面洁白、质地坚实，并以橡皮擦拭不起毛、画墨线不洇为好。

描图纸又称硫酸纸，专门用于针管笔等来描图，并以此复制蓝图。

（二）图板

图板是铺放图纸用的工具，常见的是两面有胶合板的空心板，四周镶有硬木条。板面要平整、无结疤，图板的四边要求达到十分平直和光滑的程度。画图时，丁字尺靠着图板的左边上下滑动画平行线，这时，左边就叫作工作边，如图2-1所示。

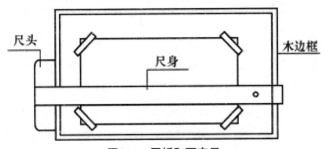

图2-1　图板和丁字尺

图板常用的规格有 0 号、1 号和 2 号，分别适用于相应图号的图纸。学习中，多用 1 号或 2 号图板。

图板是绘图的主要工具，应防止受潮或光晒；板面上也不可以放重的东西，以免图板变形走样或压坏板面；贴图纸宜用透明胶带纸，不宜使用图钉。不用时需将图板竖向放置保管。

（三）丁字尺

丁字尺由相互垂直的尺头和尺身构成，一般由有机玻璃制成，尺头的内侧边缘和尺身的工作边必须平直光滑。丁字尺是用来画水平线的。画线时左手把住尺头，使它始终贴住图纸左边，然后上下推动，直至丁字尺工作边对准要画线的地方，再从左至右画出水平线。

注意：不得把丁字尺头靠在图板的右边、下边或上边画线，也不得用丁字尺的下边画线。丁字尺用完后要挂起来，防止尺身变形。

丁字尺与图板规格是配套的，常用的有 1500mm、1200mm、1100mm、800mm、600mm 等多种规格。

（四）三角板

三角板一般由有机玻璃或塑料制成，可以配合丁字尺画铅垂线和与水平线成30°、45°、60°角的倾斜线。用两块三角板组合还能画与水平线成15°、75°角的倾斜线。

一副三角板有两块，一块是 30°×60°×90°，另一块是 45°×45°×90°。其规格有 200mm、250mm、300mm 等多种。

三角板是工程制图的主要工具之一，使用三角板画线时，应先将丁字尺推到线的下方，再将三角板放在线的右方，并使它的一个直角边靠贴在丁字尺的工作边上，然后移动三角板，直至另一个直角边靠贴竖直线，再用左手轻轻按住丁字尺和三角板，右手持铅笔，自下而上画出竖直线。

（五）比例尺

比例尺是直接用来放大或缩小图线长度的度量工具。比例尺通常制成三棱柱状，故又称为三棱尺。可直接用它在图纸上量取物体的实际尺寸，一般为木制或塑料制品。比例尺的三个棱面刻有 6 种比例，通常为 1：100、1：200、1：300、1：400、1：500、1：600，比例尺上的数字以 m 为单位。

利用比例尺直接量度尺寸时，尺子比例应与图样比例相同。将尺子置于图上要量距离之外，并需对准量度方向，便可直接量出尺寸；若有不同，可采用换算方法求得。如图 2-7 所示，线段 AB 采用 1：300 比例量出读数为12m；若采用 1：30 比例，它的读数为 1.2m；若采用 1：3 比例，它的读数为 0.12m。为求绘图精确，使用比例尺时切勿累计其距离，应注意先绘制整个宽度和长度，然后再进行分割。

比例尺不能用来画线，不能弯曲，尺身应保持平直完好，尺子上的刻度要清晰、准确，以免影响使用。

（六）圆规

圆规是画圆或圆弧的仪器。常用的是四用圆规组合式，有台肩一端的钢针的针尖应在圆心处，以防圆心孔扩大，影响画图质量；圆规的另一条腿上应有插接构造，即有固定针脚及可移动的铅笔脚、鸭嘴脚及延伸杆。

弓形小圆规：用于画小圆。

精密小圆规：用于画小圆，迅速方便，使用时针尖固定不动，将笔绕它旋转。

圆规在使用前应先调整针脚，使圆心钢针略长于铅芯（或墨线笔头），铅芯应磨削成 65° 的斜面，斜面向外。画圆或圆弧时，可由左手食指帮助针尖扎准圆心，调整两脚距离，使其等于半径长度，然后从左下方开始，顺时针方向转动圆规，笔尖应垂直于纸面。

（七）分规

分规是用来量取线段、量裁尺寸和等分线段的一种仪器。

分规的两端脚部均固定钢针，使用时要检查两脚高低是否一致，如不一致则要放松螺钉调整。

（八）绘图笔

绘图笔的种类很多，有绘图墨水笔、鸭嘴笔、绘图铅笔等。

1. 绘图墨水笔

绘图墨水笔的笔尖是一根细针管。针管笔是目前使用广泛的绘图墨水笔。绘图墨水笔能像普通钢笔那样吸墨水，描图时无须频频加墨。

绘图墨水笔笔尖的口径有多种规格供选择，使用方法同钢笔一样。

画线时，要使笔尖与纸面尽量保持垂直。针管的直径有 0.18 ~ 1.40mm 多种规格，可根据图线的粗细选用。其因使用和携带方便，是目前常用的描图工具。

2. 鸭嘴笔

鸭嘴笔又称直线笔，是描图上墨的画线工具。

鸭嘴笔笔尖的螺钉可以调整两叶片间的距离，以确定墨线的粗细。加墨水时，要用墨水瓶盖上的吸管蘸上墨水，送进两叶片之间，要注意在图纸范围外加墨，以免墨水滴在图纸上。切勿将鸭嘴笔插入墨水瓶内蘸墨，如叶片外面沾有墨水，要用抹布擦干净，以免画线时墨水沿着尺边渗入尺度导致跑墨，弄脏图纸。

执笔画线时，螺钉帽向外，小指应搁在尺身上，笔杆向画线方向倾斜约 30°。

3. 绘图铅笔

绘图铅笔分木铅笔和活动铅笔两种。铅芯有各种不同的硬度。标号 B，2B，3B，…，6B 为软铅芯，数字越大表示铅芯越软；标号 H，2H，3H，…，6H 为硬铅芯，数字越大表示铅芯越硬。标号 HB 表示硬度适中。画底稿时常用 2H 或 H 铅笔，徒手画图时常用 HB 或 B 铅笔。削木铅笔时，铅笔尖应削成锥形，铅尖露出 6 ~ 8mm，要注意保留有标号的一端，以便始终能识别铅笔的硬度。

铅笔笔芯可以削成楔形、尖锥形和圆锥形等。楔形铅芯可削成不同的厚度，用于加深不同宽度的图线；尖锥形铅芯用于画稿线、细线和注写文字等。

铅笔应从没有标记的一端开始使用。画线时握笔要自然，速度、用力要均匀。用圆锥形铅芯画较长的线段时，应边画边在手中缓慢地转动且始终与纸面保持一定的角度。

二、建筑制图辅助工具

1. 曲线板

曲线板是用来绘制非圆弧曲线的工具。曲线板的种类很多，曲率大小各不相同，有单块的，也有多块成套的。

绘制曲线时，首先按相应作图法作出曲线上的一些点，再用铅笔徒手将各点依次连成曲线，然后找出曲线板上与曲线吻合的一段，画出该段曲线，最后同样找出下一段，注意前、后两段应有一小段重合，这样曲线才会显得圆滑。以此类推，直至画完全部曲线为止。

2. 模板

为了提高绘图速度和质量，将图样上常用的一些符号、图例和比例等，刻在透明的塑料板上，制成模板使用。绘制不同专业的图纸，应选用不同的模板。常用的模板有建筑模板、装饰模板、结构模板等。

模板上刻有用于画出各种图例的孔，如其大小已符合一定比例，只要用笔在孔内画一周，即可画出图例。

3. 擦图片

擦图片是用来修改错误图样的。它是用透明塑料或不锈钢制成的薄片，薄片上刻有各种形状的模孔。

使用时，应使画错的线圈在擦图片上适当的小孔内，再用橡皮擦拭，以免影响其邻近的线条。

4. 透明胶带纸

透明胶带纸用于在图板上固定图纸，通常使用 1mm 宽的透明胶带纸粘贴。绘制图纸时，不要使用普通图钉来固定图纸。

5. 砂纸

在工程制图中，砂纸的主要用途是将铅芯磨成所需的形状。砂纸可用双面胶带固定在薄木板或硬纸板上。当图面用橡皮擦拭后可用排笔扫掉碎屑。

三、其他绘图工具

1. 一字尺

一字尺的作用和丁字尺相同，由于其使用比较方便，故经常被使用。

2. 绘图机

绘图机是一种综合的绘图设备，如图 2-20 所示。绘图机上装有一对可按需要移动和转动的相互垂直的直尺，用它来完成丁字尺、三角板、量角器等工具的工作，使用方便，绘图效率高。

3. 自动绘图系统

自动绘图系统是当前最先进的绘图设备，由电子计算机、绘图机、打印机和图形输入设备等组成。随着计算机辅助技术（CAD）的发展和应用，计算机绘图可以将技术人员从繁重的手工绘图中解放出来，缩短建筑工程设计的周期，提高图样质量，从而提高工作效率。

第二节　建筑制图标准

建筑图纸是建筑设计和建筑施工中的重要技术资料，是交流技术思想的工程语言。为了使建筑专业、室内设计专业制图规范，保证制图质量，提高制图效率，做到图面清晰、简明，满足设计、施工、管理、存档的要求，以适应工程建设的需要，国家住房和城乡建设部、国家市场监督管理总局联合发布了有关建筑制图的六大国家标准，包括《房屋建筑制图统一标准》（GB/T50001—2017）、《总图制图标准》（GB/T50103—2010）、《建筑制图标准》（GB/T50104—2010）、《建筑结构制图标准》（GB/T50105—2010）、《暖通空调制图标准》（GB/T50114—2010）、《建筑给水排水制图标准》（GB/T50106—2010）。国家制图标准是所有工程人员在设计、施工、管理中必须严格执行的国家法令，每个工程人员必须严格遵守。

一、图纸幅面及标题栏

1. 图纸幅面

图纸幅面简称图幅，是指图纸尺寸的大小。为了使图纸整齐，便于保管和装订，国家标准规定了所有设计图纸的幅面及图框尺寸。常见的图幅有 A0、A1、A2、A3、A4 等。

需要微缩复制的图纸，其一个边上应附有一段准确米制尺度，四个边上均应附有对中标志，米制尺度的总长应为 100mm，分格为 10mm。对中标志应画在图纸各边长的中点处，线宽为 0.35mm，并应伸入内框边，在框外为 5mm。对中标志的线段，应于 l1 和 b1 范围取中。

图纸以短边作为垂直边为横式；以短边作为水平边为立式。A0 ~ A3 图纸宜横式使用，必要时，也可立式使用。

图纸的短边尺寸一般不应加长，A0 ~ A3 幅面长边尺寸可加长。

2. 标题栏

图纸中应有标题栏、图框线、幅面线、装订边线和对中标志，并根据工程的需要选择和确定其尺寸、格式及分区。会签栏应包括实名列和签名列，并应符合下列规定：

（1）涉外工程的标题栏内，各项主要内容的中文下方应附有译文，设计单位的上方或左方，应加"中华人民共和国"字样。

（2）在计算机辅助制图文件中使用电子签名与认证时，应符合《中华人民共和国电子签名法》的有关规定。

（3）当由两个上的设计单位合作设计同一个工程时，设计单位名称区中可依次列出设计单位名称。

二、图线

图线即画在图上的线条。在绘制工程图时，多采用不同线型和不同粗细的图线来表示不同的意义和用途。

1. 线宽组

图线的宽度 b，宜从 1.4mm、1.0mm、0.7mm、0.5mm 线宽系列中选取。每个图样，应根据复杂程度与比例大小，先选定基本线宽 b，再选用表 2-4 中相应的线宽组。

2. 线型

为了使图样主次分明、形象清晰，工程建设制图采用的线型有实线、虚线、单点长画线、双点长画线、折断线和波浪线六种，其中，有的线型还分粗、中粗、中、细四种不同的线宽。

3. 图线绘制要求

（1）在同一张图纸内，相同比例的图样应选用相同的线宽组，同类线应粗细一致。

（2）相互平行的图例线，其净间隙或线中间隙不宜小于 0.2mm。

（3）虚线、单点长画线或双点长画线的线段长度和间隔宜各自相等。其中，虚线的线段长为 3 ~ 6mm，间隔为 0.5 ~ 1mm；单点长画线或双点长画线的线段长为 10 ~ 30mm，间隔为 2 ~ 3mm。

（4）单点长画线或双点长画线，当在较小图形中进行绘制有困难时，可用实线代替。

（5）单点长画线或双点长画线的两端不应是点。点画线与点画线交接或点画线与其他图线交接时，应是线段交接。

（6）虚线与虚线交接或虚线与其他图线交接时，应是线段交接。虚线为实线的延长线时，不得与实线相交接。

（7）图线不得与文字、数字或符号重叠、混淆，不可避免时，应首先保证文字、数字等清晰。

三、字体

用图线绘成图样后，必须用文字及数字加以注释，从而标明其大小尺寸、有关材料、构造做法、施工要点及标题。这些字体的书写必须做到笔画清晰、字体端正、排列整齐，且标点符号应清楚正确。

1. 汉字

（1）文字的字高大于 10mm 的文字宜采用 Truetype 字体，当需书写更大的字时，其高度应按的倍数递增。

（2）图样及说明中的汉字，宜优先采用 Truetype 字体中的宋体字型，采用矢量字体时应为长仿宋体字型，同一图中纸字体种类不应超过两种。长仿宋体字的高宽关系应符合表 2-8 所示的规定，黑体字的宽度与高度应相同。大标题、图册封面、地形图等中的汉字，也可书写成其他字体，但应易于辨认。

（3）汉字的简化字书写应符合国家有关汉字简化方案的规定。

2. 字母及数字

（1）图样及说明中的字母、数字，宜优先采用 Truetype 字体中的 Roman 字型。

（2）字母及数字，当需写成斜体字时，其斜度应是从字的底线逆时针向上倾斜 75°。斜体字的高度与宽度应与相应的直体字相等。

（3）字母与数字的字高不应小于 2.5mm。

（4）数量的数值注写应采用正体阿拉伯数字。各种计量单位凡前面有量值的，均应采用国家颁布的单位符号注写，单位符号应采用正体字母。

（5）分数、百分数和比例数的注写，应采用阿拉伯数字和数字符号。例如，四分之三、百分之二十五和一比二十应分别写成 3/4、25% 和 1：20。

（6）当注写的数字小于 1 时，必须写出个位的"0"，小数点应采用圆点，齐基准线书写，如 0.01。

四、尺寸标注

1. 尺寸界线、尺寸线及尺寸起止符号

（1）图样上的尺寸，应包括尺寸界线、尺寸线、尺寸起止符号和尺寸数字。

（2）尺寸界线应用细实线绘制，与被注长度垂直，其一端离开图样轮廓线不应小于 2mm，另一端宜超出尺寸线 2 ~ 3mm。图样轮廓线可用作尺寸界线。

（3）尺寸线应用细实线绘制，与被注长度平行。图样本身的任何图线均不得用作尺寸线。

（4）尺寸起止符号用中粗斜短线绘制，其倾斜方向应与尺寸界线呈顺时针 45° 角，长度宜为 2 ~ 3mm。半径、直径、角度与弧长的尺寸起止符号宜用箭头表示。

2. 尺寸数字

（1）图样上的尺寸，应以尺寸数字为准，不应从图上直接量取。

（2）图样上的尺寸单位，除标高及总平面以 m 为单位外，其他必须以 mm 为单位。

（3）尺寸数字的方向，尺寸数字在 30° 斜线区内。

（4）尺寸数字应依据其方向注写在靠近尺寸线的上方中部。如没有足够的注写位置，最外边的尺寸数字可注写在尺寸界线的外侧，中间相邻的尺寸数字可上下错开注写，并引出线表示标注尺寸的位置。

3. 尺寸的排列与布置

（1）尺寸宜标注在图样轮廓以外，不宜与图线、文字及符号等相交。

（2）互相平行的尺寸线，应从被注写的图样轮廓线由近向远整齐排列，较小尺寸应离轮廓线较近，较大尺寸应离轮廓线较远。

（3）图样轮廓线以外的尺寸界线，距图样最外轮廓之间的距离不宜小于 10mm。平行排列的尺寸线的间距宜为 7 ~ 10mm，并应保持一致。

（4）总尺寸的尺寸界线应靠近所指部位，中间的分尺寸的尺寸界线可稍短，但其长度应相等。

（5）标注球的半径尺寸时，应在尺寸前加注符号"SR"。标注球的直径尺寸时，应在尺寸数字前加注符号"Sφ"。注写方法与圆弧半径和圆直径的尺寸标注方法相同。

5. 角度、弧度、弧长的尺寸标注

（1）角度的尺寸线应以圆弧表示。该圆弧的圆心应是该角的顶点，角的两条边为尺寸界线。起止符号应以箭头表示，如没有足够位置画箭头，可用圆点代替，角度数字应沿尺寸线方向注写。

（2）标注圆弧的弧长时，尺寸线应以与该圆弧同心的圆弧线表示，尺寸界线应指向圆心，起止符号用箭头表示，弧长数字上方或前方应加注圆弧符号"⌒"。

（3）标注圆弧的弦长时，尺寸线应以平行于该弦的直线表示，尺寸界线应垂直于该弦，起止符号用中粗斜短线表示。

6. 薄板厚度、正方形、坡度和非圆曲线等的尺寸标注

（1）在薄板板面标注板厚尺寸时，应在厚度数字前加厚度符号"t"。

（2）在标注正方形的尺寸时，可用"边长 × 边长"的形式，也可在边长数字前加正方形符号"□"。

（3）在标注坡度时，应加注坡度符号"←"或"→"，箭头应指向下坡方向。坡度也可用直角三角形的形式标注。

（4）外形为非圆曲线的构件，可用坐标法标注尺寸。

（5）复杂的图形，可用网格法标注尺寸。

7. 尺寸的简化标注

（1）杆件或管线的长度，在单线图（桁架简图、钢筋简图、管线简图）上，可直接将尺寸数字沿杆件或管线的一侧注写。

（2）连续排列的等长尺寸，可用"等长尺寸 × 个数 = 总长"或"总长（等分个数）"的形式标注。

（3）构配件内的构造因素（如孔、槽等）如相同，可仅标注其中一个要素的尺寸。

（4）对称构配件采用对称省略画法时，该对称构配件的尺寸线应略超过对称符号，如仅在尺寸线的一端画尺寸起止符号，尺寸数字应按整体全尺寸注写，其注写位置宜与对称符号对齐。

（5）两个构配件，如个别尺寸数字不同，可在同一图样中将其中一个构配件的不同尺寸数字注写在括号内，该构配件的名称也应注写在相应的括号内。

（6）数个构配件，如仅某些尺寸不同，那么这些有变化的尺寸数字，可用拉丁字母注写在同一图样中，另列表格并写明其具体尺寸。

8. 标高

（1）标高符号应以等腰直角三角形表示。

（2）总平面图室外地坪标高符号，宜用涂黑的三角形表示，具体画法应符合图 2-56 所示的规定。

（3）标高符号的尖端应指至被注高度的位置。尖端宜向下，也可向上。标高数字

应注写在标高符号的上侧或下侧。

（4）标高数字应以 m 为单位，注写到小数点后第三位。在总平面图中，可注写到小数点以后第二位。

（5）零点标高应注写成 ±0.000，正数标高不注"+"，负数标高应注"-"，例如 3.000，-0.600。

（6）在图样的同一位置需表示几个不同标高时，标高数字可按图 2-58 所示的形式注写。

第三节　投影

一、投影的形成

在日常生活中，人们发现只要有物体、光线和承受落影面，就会在附近的墙面、地面上等留下物体的影子，这就是自然界的投影现象。从这一现象中，人们能认识到光线、物体和影子之间的关系，从而归纳出表达物体形状、大小的投影原理和作图方法。

影子是灰黑一片的。所以，影子只能反映物体的轮廓，而不能反映物体上的一些变化和内部形态。

假设光线能穿透物体，这样，影子不但能反映物体的外轮廓，同时也能反映物体上部或内部的形状。

在制图中，发出光线的光源称为投影中心，光线称为投影线，光线的射向称为投影方向，落影的平面称为投影面。构成影子的内、外轮廓称为投影。用投影表达物体形状和大小的方法称为投影法，用投影法画出物体的图形称为投影图。

二、投影法的分类

投影法分为两类，即中心投影法和平行投影法。

1. 中心投影法

投射线相交于一点时（相当于灯泡发出的光线）为中心投影法，其所得投影称为中心投影。

2. 平行投影法

投射线互相平行时（相当于太阳发出的光线）为平行投影法，其所得投影称为平行投影。

平行投影法又分为以下两种：

（1）投射线与投影面垂直时为正投影法，其所得投影称为正投影。

（2）投射线与投影面倾斜时为斜投影法，其所得投影称为斜投影。

三、正投影的基本规律

对于普通平面体来说，共有 6 个平面：2 个正平面、2 个水平面和 2 个侧平面。并且为了正确反映形体的形状、大小和空间位置情况，通常需用三个互相垂直的投影图来反映其投影。

1. 正投影的设置

将物体放在三个相互垂直的投影面之间，用三组分别垂直于三个投影面的平行投射线投影，就能得到这个物体三个面的正投影图。将三个正投影图结合起来就能反映一般物体的全部形状和大小。

由这三个投影面组成的投影面体系，称为三投影面体系。其中，处于水平位置的投影面称为水平投影面，用 H 表示，在 H 面上产生的投影叫作水平投影图；处于正立位置的投影面称为正立投影面，用 V 表示，在 V 面上产生的投影叫作正立投影图；处于侧立位置的投影面称为侧立投影面，用 W 表示；在 W 面上产生的投影叫作侧立投影图。三个互相垂直相交投影面的交线，称为投影轴，分别是 OX 轴、OY 轴、OZ 轴，三个投影轴 OX、OY、OZ 相交于一点 O，称为原点。

2. 三面投影体系的展开

有物体位于第一分角。将物体向 V 面、H 面、W 面作正投影，假定 V 面不动，并把 H 面和 W 面沿 Y 轴分开，H 面绕 X 轴向下旋转90°，W 面绕 Z 轴向后旋转90°，使得 H 面、V 面和 W 面处在同一平面上。

三个投影面展开后，三条投影轴成了两条垂直相交的直线，原OX轴、OZ轴位置不变，原OY轴则分成 OYH 和 OYW 两条轴线。实际作图时，不必画投影面的边框线。

3. 三面投影图的特性

若在三面投影体系中，定义形体上平行于 X 轴的尺度为"长"，平行于 Y 轴的尺度为"宽"，平行于 Z 轴的尺度为"高"，则形体三面投影图的特性可叙述为：

（1）长对正——V 面投影和 H 面投影的对应长度相等，画图时要对正；

（2）高平齐——V 面投影和 W 面投影的对应高度相等，画图时要平齐；

（3）宽相等——H 面投影和 W 面投影的对应宽度相等。

此即"三等关系"。

注意："三等关系"不仅适用于物体总的轮廓，也适用于物体的局部细节。

4. 形体的六个方位

不仅可以从物体的三面投影图中得到其各部分的大小，还可以知道其各部分的相互位置关系。

第四节　剖面图与断面图

形体的三面正投影图只反映了形体外形可见部分的轮廓线，虽然被遮挡的轮廓线可以用虚线来表示，但如果遇到内部形状比较复杂的形体，就会在投影图中出现许多虚线，使得图中虚线、实线交错，既不易识读，又不便于标注尺寸。为了解决这个问题，工程中常用剖面图或断面图来清楚地表示形体的内部构造。

假想用一个剖切平面在形体的适当位置将形体剖切，移去介于观察者和剖切平面之间的部分，对剩余部分向投影面所作的正投影图，称为剖切面，简称剖面。剖切面通常为投影面的平行面或垂直面。

一、剖面图的种类

1. 全剖面图

用一个剖切平面将形体全部剖开后画出的剖面图称为全剖面图。全剖面图一般应进行标注，但当剖切平面通过形体的对称线，且平行于某一基本投影面时，可不标注。

2. 半剖面图

如果被剖切的形体是对称的，画图时常以对称线为界，将投影图的一半画成剖面图，将另一半画成形体的外形图，这种组合而成的投影图称为半剖面图。当对称线是铅垂线时，剖面图一般画在对称线的右方；当对称线是水平线时，剖面图一般画在对称线的下方。半剖面图一般不画剖切符号和编号，图名沿用原投影图的图名。

对于同一图形来说，所有剖面图的建筑材料图例要一致。由于在剖面图一侧的图形已将形体的内部形状表达清楚，因此，在视图一侧不应再画表达内部形状的虚线。

3. 阶梯剖面图

如果形体上有较多的孔、槽等，且用一个剖切平面不能都剖到时，则可以假想用几个互相平行的剖切平面分别通过孔、槽的轴线将形体剖切开，其所得到的剖面图称为阶梯剖面图。

在阶梯剖面图中，不能将剖切平面的转折平面投影成直线，并且要避免剖切面在图形轮廓线上转折。阶梯剖面图必须进行标注，其剖切位置的起、止和转折处都要用相同的阿拉伯数字标注。在画剖切符号时，剖切平面的阶梯转折用粗折线表示，线段长度一般为 4 ~ 6mm，折线的凸角外侧可注写剖切编号，以免与图线相混。

4. 局部剖面图

当形体某一局部的内部形状需要表达但又没必要作全剖或不适合作半剖时，可以保留原视图的大部分，用剖切平面将形体的局部剖切开来而得到的剖面图称为局部剖面图。杯形基础，其正立剖面图为全剖面图，并在断面上详细表达了钢筋的配置，所以在画俯视图时，保留了该基础的大部分外形，仅将其一角画成剖面图，以反映内部的配筋情况。

画局部剖面图时，要用波浪线标明剖面的范围，波浪线不能与视图中的轮廓线重合，也不能超出图形的轮廓线。

5. 分层剖面图

对一些具有分层构造的工程形体，可按实际情况用分层剖开的方法得到其剖面图，称为分层剖面图。

分层局部剖面图，反映地面各层所用的材料和构造的做法，多用来表达房屋的楼面、地面、墙面和屋面等处的构造。分层局部剖面图应按层次以波浪线将各层分开，波浪线也不应与任何图线重合。

木地板分层构造剖面图，将剖切的地面一层一层地剥离开来，并在剖切的范围中画出材料图例，有时还加注文字说明。

总之，剖面图是工程中应用最多的图样，必须掌握其画图方法，并准确理解和识读各种剖面图，提高识图能力。

三、断面图的种类

1. 移出断面图
将形体某一部分剖切后所形成的断面图，移画于投影图外的一侧，称为移出断面图。

2. 重合断面图
将断面图直接画于投影图中，二者重合在一起，称为重合断面图。

3. 中断断面图
将断面图画在构件投影图的中断处，称为中断断面图。

第三章 常用建筑材料

第一节 建筑材料概述

一、建筑材料的定义及分类

广义的建筑材料，除指运用于建筑物本身的各种材料之外，还包括卫生洁具、暖气及空调设备等器材。狭义的建筑材料即构成建筑物及构筑物本身的材料，即从地基、承重构件（梁、板、柱等），直到地面、墙体和屋面等所用的材料。

建筑材料可从材料来源、使用功能、使用部位等角度划分。通常根据组成物质的种类及化学成分，将建筑材料分为无机材料、有机材料和复合材料三大类。

二、建筑材料在建筑工程中的应用

建筑业的发展与建筑材料的发展是密不可分的。一方面，建筑物的功能、形状和色彩等无一不依赖建筑材料；另一方面，建筑材料是建筑物的重要组成部分，在建筑工程中，建筑材料费用一般占建筑总造价的 60% 左右，甚至更高，也就是说建筑物的各种使用功能必须由相应的建筑材料来实现。建筑材料在建筑工程中应用得非常广泛，一方面，建筑工程质量及功能的提高依赖于建筑材料；另一方面，建筑材料的种类及质量的提高也促进了建筑业的发展。

三、建筑材料的检验与相关标准

建筑材料的技术标准是生产和使用单位检验、确定产品质量是否合格的技术文件。为了保证材料的质量、现代化生产和科学管理，必须对材料产品的技术要求制定统一的执行标准，其内容主要包括产品规格、分类、技术要求、检验方法、验收规则、标志、运输和贮存注意事项等。

（一）我国技术标准

建筑材料检验的依据是有关的技术标准、规程、规范及规定。这些标准对原材料、半成品、成品和工程整体质量的检验方法、评定方法等都作出了技术规定，在选用材料及施工中都应执行。总体来说，我国技术标准分为国家标准、行业标准、地方标准和企业标准四类。

1. 国家标准

国家标准分为强制性标准（代号 GB）和推荐性标准（代号 GB/T）。强制性标准是全国必须执行的技术指导文件，产品的技术指标都不得低于强制性标准中所规定的要求。推荐性标准则是指在执行时也可采用的其他相关标准。

2. 行业标准

行业标准在全国性的行业范围内适用，在没有国家标准而又需要在全国某行业范围内统一技术要求时制定，由中央部委标准机构指定有关研究机构、院校或企业等起草或联合起草，报主管部门审批，国家技术监督局备案后发布；当国家有相应标准颁布时，该项行业标准废止。

3. 地方标准

地方标准是地方主管部门发布的地方性技术指导文件，适合在某地区范围内使用。凡没有国家标准和行业标准时，可由相应地区根据生产厂家或企业的技术力量，以保证产品质量为目的制定有关标准。

4. 企业标准

企业标准只限于企业内部使用，是在没有国家标准和行业标准时，企业为了控制生产质量而制定的技术标准。企业标准必须以保证材料质量、满足使用要求为目的。

标准的一般表示方法：标准名称、部门代号、编号和批准年份。例如，国家标准（强制性）——《建筑材料放射性核素限量》（GB6566—2010）；国家标准（推荐性）——《低碳钢热轧圆盘条》（GB/T701—2008）。

（二）国际标准

国际标准大致可分为以下几类：

（1）世界范围内统一使用的"ISO"国际标准。

（2）国际上有影响的团体标准和公司标准，如美国材料与试验协会标准"ASTM"等。

（3）区域性标准，是指工业先进国家的标准，如德国工业标准"DIN"、英国的"BS"标准、日本的"JIS"标准等。

各类标准都具有时间性，由于技术水平是不断提高的，不同时期的标准必须与同时期的技术水平相适应，所以，各类标准只能反映某时期内的技术水平。近期以来，经修订后我国已颁布了许多新标准，另外还有一些标准正在修订或待颁布，以实现与国际标准接轨。

第二节　建筑材料的物理性能与力学性能

一、物理性能

（一）与质量有关的性质

1. 密度、表观密度、堆积密度

（1）密度。密度是指材料在绝对密实状态下单位体积的质量。其计算公式为

$$\rho = m/V$$

式中　ρ ——材料的密度（g/cm³）；

　　　m ——材料的质量（g）；

　　　V ——材料在绝对密实状态下的体积（cm³）。

材料在绝对密实状态下的体积是指不包括材料孔隙在内的固体体积。在建筑材料中，除钢材、玻璃等极少数材料可认为其不含孔隙外，其余绝大多数材料内部都存在孔隙。

（2）表观密度。材料在自然状态下，单位体积（只包括闭口孔）的质量称为表观密度，也叫作视密度，用公式表示为

$$\rho' = m/V'$$

式中　ρ' ——材料的表观密度（g/cm³ 或 kg/m³）；

　　　V' ——在自然状态下材料的体积（只包括闭口孔）（cm³ 或 m³）；

　　　m ——在自然状态下材料的质量（g 或 kg）。

材料在自然状态下的体积是指构成材料的固体物质体积与全部孔隙体积之和。

（3）堆积密度。粉状及颗粒状材料在堆积状态下，其单位体积的质量称为堆积密度。

上述各有关密度指标，在建筑工程机械配料计算、构件自重计算、配合比设计、测算堆放场地时会得到应用。

材料的堆积体积包括颗粒体积和颗粒间空隙的体积。砂、石等散粒状材料的堆积体积，可通过在规定条件下用所填充容量筒的容积求得。

在建筑工程中，计算材料的用量时经常用到材料的密度、表观密度和堆积密度等数据。

2.孔隙率、空隙率、密实度、填充率

（1）孔隙率。孔隙率是指材料孔隙体积占总体积的比例，用 P 表示。

材料的密实度和孔隙率从不同角度反映了材料的密实程度，通常采用孔隙率表示材料的密实程度。

根据孔隙构造特征的不同，孔隙分为连通孔和封闭孔。连通孔彼此贯通且与外界相通，封闭孔彼此不连通且与外界隔绝。孔隙按其尺寸大小，又可分为粗孔和细孔。建筑材料的许多性质（如强度、吸水性、抗渗性、抗冻性、导热性及吸声性等）都与材料的孔隙率和孔隙的构造特征有关。

（2）空隙率。空隙率是指在颗粒状材料的堆积体积内，颗粒间空隙体积所占的比例。

空隙率的大小反映了颗粒状材料在堆积时颗粒之间相互填充的致密程度，对于混凝土的粗、细集料来说，其级配越合理，配制的混凝土就越密实，既能满足强度方面的要求，又能在一定限度内节约水泥的用量。

（3）密实度。密实度是指材料的体积内被固体物质充满的程度。

（4）填充率。填充率是指颗粒状材料在其堆积体积内，被颗粒实体体积填充的程度。

（二）与水有关的性质

材料在使用过程中都会不同程度地与水接触，这些水可能来自空气，也可能来自外界的雨、雪或地下水等。绝大多数情况下，水与材料的接触都会给材料带来危害。因此，有必要了解材料与水有关的性质。

1.亲水性与憎水性

为了解释材料的亲水性与憎水性，建立模型，并引入润湿角这一概念。

润湿角是指在水、材料与空气的液、固、气三相交接处作液滴表面的切线，切线经过水与材料表面的夹角用 θ 表示。

（1）亲水性。材料在空气中与水接触时能被水润湿的性质称为亲水性。具有这种性质的材料称为亲水性材料，如砖、混凝土、木材等。

（2）憎水性。材料在空气中与水接触时不能被水润湿的性质，称为憎水性。具有这种性质的材料称为憎水性材料，如沥青、石蜡等。

2.吸湿性与吸水性

（1）吸湿性。吸湿性是指材料在潮湿空气中吸收水分的性质，用含水率 W 来表示。含水率指材料含水时的质量占材料干燥时的质量的百分比。

材料的吸湿性除与其本身的化学组成、结构等因素有关外，还与环境的温湿度密切相关，这是因为材料与环境在达到动态平衡时（材料向空气中挥发的水分，与从空气中吸收的水分平衡）才能得到一个稳定且相对不变的含水率。

（2）吸水性。吸水性是指材料在水中吸收水分的性质。吸水性的大小用吸水率表示，有质量吸水率和体积吸水率之分。

质量吸水率是指材料吸水饱和后的质量占材料干燥时的质量的百分比，用 W 质表示。

工程中多用质量吸水率 W 质表示材料的吸水性，但对于某些轻质材料如泡沫塑料等，由于其质量吸水率超过了 100%，故用体积吸水率 W 体表示其吸水性较为适宜。

材料吸水率的大小取决于材料本身特性（是亲水性的或者憎水性的）及材料的结构特征。材料有孔隙方有吸水性。对于具有孔隙的材料，其吸水率的大小还与孔隙率、孔隙的构造有关。封闭的孔隙实际上是不吸水的，只有有开口且与毛细管连通的孔隙才是吸水性最强的。

3. 耐水性、抗渗性和抗冻性

（1）耐水性。材料在长期饱和水的作用下不被破坏，其强度也不显著降低的性质称为耐水性。

软化系数越小，材料的耐水性越差。浸水后的材料内部结合力会降低，从而引起材料强度的下降。Kp > 0.80 的材料，可以被认为是耐水材料，对于处在潮湿环境的重要结构物，Kp 应大于 0.85；在次要的受潮轻的情况下，Kp 不宜小于 0.75。干燥环境中使用的材料可以不考虑耐水性。

（2）抗渗性。材料在水、油等液体压力作用下抵抗渗透的性质称为抗渗性。渗透系数越小的材料，其抗渗性越好。

建筑中大量使用的砂浆、混凝土等材料，其抗渗性用抗渗等级表示。抗渗等级用材料抵抗的最大水压力来表示，如 P6、P8、P10、P12 等分别表示材料可抵抗 0.6MPa、0.8 MPa、1.0MPa、1.2MPa 的水压力而不渗水。抗渗等级越大，材料的抗渗性越好。

渗透系数 K 的物理意义是，在一定的时间 t 内，通过材料的水量 Q 与试件截面面积 A 及材料两侧的水头差 H 成正比，而与试件厚度 d 成反比。

材料的抗渗性主要与材料的孔隙状况有关，材料的孔隙越大，开口孔越多，其抗渗性就越差。绝对密实的材料及仅含闭口孔隙的材料通常是不渗水的。

（3）抗冻性。抗冻性是指材料在吸水饱和状态下，经过多次冻融循环作用而不被破坏，其强度也不显著降低的性质。

材料的抗冻性常用抗冻等级来表示。混凝土用 FN 表示抗冻等级，其中 N 表示混凝土试件经受冻融循环试验后，强度及质量损失不超过国家规定标准值时所对应的最大冻融循环次数，如 F25、F50 等。

冻融循环的破坏作用主要是材料孔隙内的水在结冰时体积膨胀，对孔壁产生较大压强而引起的。材料的抗冻性与材料的孔隙率、孔隙的构造特征、吸水饱和程度和强度等有关。一般来说，密实、有封闭孔隙且强度较高的材料有较强的抗冻能力。

（三）热工性能

1. 导热性与热容量

建筑材料在建筑物中除需满足强度及其他性能要求外，还要满足建筑节能的要求，这样才能为生产、工作及生活创造适宜的室内环境。因此，在选用围护结构材料时，需要考虑材料的热工性质。

（1）导热性。材料传导热量的性质称为材料的导热性。

在相同的试验条件下，不同材料的导热系数主要取决于所传导的热量 Q，也就是说通过材料传导的热量少则 λ 就小，即导热系数越小，材料的保温隔热性越强，用这种材料建造的房屋冬暖夏凉。一般将 λ < 0.25W/（m·K）的材料称为绝热材料。通常建筑材料导热系数的范围跨度较大，一般为 0.023 ～ 400W/（m·K）。

材料的导热性主要取决于材料的组成及结构状态。

一般情况下，金属材料的导热系数最大，保温隔热性能差，无机非金属材料居中，有机材料最小。从结晶的角度来看，结晶结构的导热系数最大，微晶结构次之，玻璃体结构最小。当材料的成分相同时，孔隙率大的材料导热系数小；当孔隙率相同时，含闭口孔隙的材料比含开口孔隙的材料的导热系数小。除此之外，导热系数还与温度、材料的含水率有关。多数材料在高温下的导热系数比常温下的大；材料含水率增大后，导热系数也会明显增大。

纳米技术的发展，有可能为绝热材料的生产应用带来革命性的变化。虽然国内外还未见绝热材料产品工业化生产中应用纳米技术的报道，但是纳米技术在其他产品领域的应用已为其在绝热材料生产中的应用提供了无限的空间。

（2）热容量。材料加热时吸收热量、冷却时放出热量的性质称为材料的热容量。热容量的大小用比热容表示。比热容表示 1g 材料温度升高或降低 1K 时所吸收或放出的热量。

材料的比热容对保持建筑物内部温度稳定有很大意义。比热容大的材料，能在热流变动或采暖设备供热不均匀时缓和室内的温度波动。

2. 耐热性与耐燃性

（1）耐热性。材料在高温作用下不失去使用功能的性质称之为材料的耐热性（或耐高温性、耐火性），一般用耐受时间（h）来表示，称为耐热极限。

（2）耐燃性。材料抵抗和延缓燃烧的性质称为材料的耐燃性。按照耐火要求的规定，一般将材料的耐燃性分为非燃烧材料（如钢铁、砖、砂石等）、难燃烧材料（如纸面石膏板、水泥刨花板等）和燃烧材料（如木材及大部分有机材料）。

要注意区分耐热性和耐燃性，耐燃的材料不一定耐热（如玻璃），而耐热的材料一般都耐燃。

（四）声学性能

1. 吸声性能

声波在传播过程中遇到材料表面后，一部分声波将被材料吸收，并转变为其他形式的能，材料的这种性质用吸声系数来表示。

不同材料的吸声程度有所不同，同一种材料对于不同频率声波的吸收能力也有所不同。通常采用频率为 125Hz、250Hz、500Hz、1000Hz、2000Hz、4000Hz 的平均吸声系数来表示一种材料的吸声性能，如数值 ≥0.2，则该材料为吸声材料。数值越大，则表明材料的吸声能力越强。通常情况下，材料的孔隙越多、越细小，其吸声效果就越好。

2. 隔声性能

隔声是指材料阻止声波透过的能力。材料的隔声性能用材料的入射声能与透过声能相差的分贝数表示，差值越大，则隔声性能越好。

通常要隔绝的声音按照传播途径可分为空气声（通过空气传播的声音）和固体声（通过固体的振动传播的声音）两种。对于空气声，根据声学中的"质量定律"，材料的密度越大，越不易受声波作用而产生振动，声波通过材料传递的速度迅速减小，隔声效果越好，故应选择密度大的材料（如烧结普通砖、钢筋混凝土、钢板等）作为隔绝空气声的材料。隔绝固体声最有效的措施是采用不连续的结构处理，以阻止或减弱固体声波的继续传播。如在墙壁和承重梁之间、房屋的框架和墙板之间加弹性衬垫（如毛毡、软木、橡皮等材料）或在楼板上加弹性地毯等。

二、力学性能

（一）强度、比强度

1. 强度

材料因承受外力（荷载）所具有抵抗变形不致破坏的能力称作强度。破坏时的最大应力则称之为材料的强度极限。

作用在材料外表面或内部单位面积的力称为应力，用 σ 表示。

材料的强度主要有抗拉强度、抗压强度、抗弯（折）强度、抗剪强度。

材料的抗弯强度与试件受力情况、截面形状及支承条件有关。一般试验方法是将矩形截面的条形试件放在两支点上，中间作用一集中荷载。

材料的强度主要取决于其组成和结构。不同种类的材料，强度差别很大；即使同一材料，强度也会有很大差异。一般来说，材料的孔隙率越大，强度也就越低。另外，受力形式和试验条件不同时，材料的强度也不同，所以，对材料进行试验时必须严格遵照有关标准规定的方法进行。

2. 比强度

对不同的材料强度进行比较，可以采用比强度。比强度是按单位质量计算的材料强度，其值等于材料强度与其表观密度之比。比强度是用来衡量材料轻质高强的一个主要指标。

在四种材料中，松木的比强度最高，也就是轻质高强最好的材料，而普通混凝土和烧结普通砖是质量大而强度低的材料。

（二）变形性

1. 弹性和弹性变形

材料在外力作用下产生变形，当外力取消后，变形即可消失，材料能够完全恢复原来形状的性质称为弹性，这种变形称为弹性变形。其数值的大小与外力成正比。

弹性模量是衡量材料抵抗变形能力的一个指标，E 越大，材料越不易变形。

2. 塑性和塑性变形

材料在外力作用下产生变形，除去外力后仍保持变形后的形状和尺寸，并且不产生裂缝的性质称为塑性。这种不能恢复的变形称为塑性变形。

单纯的弹性材料是没有的。有的材料（如钢材）受力不大时产生弹性变形，受力超过一定限度后即产生塑性变形。而有的材料（如混凝土）在受力时弹性变形和塑性变形会同时存在，

取消外力后，弹性变形 ab 可以恢复，而塑性变形 Ob 则不能恢复，通常将这种材料称为弹、塑性材料。

（三）耐久性

材料的耐久性是材料抵抗上述多种作用的一种综合性质，通常包括抗冻性、抗腐蚀性、抗渗性、抗风化性、耐热性、耐酸性等。不同的材料或同种材料处于不同环境中时，其耐久性侧重的方面也不一样。

例如，金属材料主要易受电化学腐蚀；硅酸盐类材料易受溶蚀、化学腐蚀、冻融、热应力等破坏；沥青、塑料等在阳光、空气、热的作用下逐渐老化等。要根据材料的特点和所处环境的条件采取相应的措施，确保工程所要求的耐久性。

第三节　常用胶凝材料

胶凝材料是指凡经过自身的物理、化学作用，能够由可塑性浆体变成坚硬固体，并具有胶结能力，其能把粒状材料或块状材料黏结为一个整体且具有一定力学强度的物质。

胶凝材料通常分为有机胶凝材料和无机胶凝材料两大类。

有机胶凝材料是指以天然或人工合成高分子化合物为基本组成的一类胶凝材料，橡胶、沥青和各种树脂属于有机胶凝材料。

无机胶凝材料又称矿物胶凝材料，根据凝结硬化条件和使用特性，通常又被分为气硬性和水硬性两类。本节主要介绍这两种无机胶凝材料。

一、气硬性胶凝材料

气硬性胶凝材料是指只能在空气中凝结硬化并保持和发展强度的材料，主要有石灰、建筑石膏、水玻璃和菱苦土等。这类材料在水中不凝结，也基本没有强度，即使在潮湿环境中其强度也很低。

（一）石灰

1. 石灰的分类

石灰按加工方法的不同，分为块状生石灰、磨细生石灰和消石灰；按化学成分的不同，分为钙质石灰和镁质石灰；按火候的不同，分为过火石灰、欠火石灰、正火石灰。

2. 石灰的热化与硬化

（1）石灰的热化。生石灰在使用前，一般要加水使之熟化成熟石灰粉或石灰浆之后再使用。生石灰在熟化过程中会放出大量的热，并伴有体积膨胀现象。

使用时应尽量排除欠火石灰块及过火石灰。可将石灰放在储灰池中"陈伏"两周以上，使较小的过火石灰块熟化。"陈伏"期间，石灰浆表面应留有一层水，与空气隔绝，以免石灰碳化。

（2）石灰的硬化。石灰的硬化过程主要有结晶硬化和碳化硬化两个过程。

1）结晶硬化。这一过程也可称为干燥硬化过程。在这一过程中，石灰浆体中的水分蒸发，氢氧化钙从饱和溶液中逐渐结晶出来。干燥和结晶使氢氧化钙颗粒产生一定的强度。

2）碳化硬化。碳化硬化过程实际上是水与空气中的二氧化碳首先生成碳酸，然后与氢氧化钙反应生成碳酸钙，析出多余水分并蒸发。从结晶硬化和碳化硬化这两个过程可以看出，在石灰浆体的内部主要进行结晶硬化过程，而在浆体表面与空气接触的部分进行的则是碳化硬化过程，外部碳化硬化形成的碳酸钙膜达到一定厚度时，就会阻止外界的二氧化碳向内部渗透和内部水分向外蒸发。由于空气中二氧化碳的浓度较低，所以，碳化过程一般较慢。

3. 石灰的特性

（1）保水性和塑性好；

（2）凝结硬化慢、强度低；

（3）熟化时放出大量热量并膨胀 1 ~ 2.5 倍；

（4）耐水性差；

（5）硬化时体积收缩大。

4. 石灰的应用

（1）室内粉刷。将石灰加水调制成石灰浆用于粉刷室内墙壁等。

（2）拌制建筑砂浆。将消石灰粉与砂子、水混合拌制成石灰砂浆或将消石灰粉与水泥、砂子、水混合拌制成石灰水泥混合砂浆，用于抹灰或砌筑。

（3）配制三合土和灰土。将生石灰粉、黏土、砂土按 1：2：3 的比例配合，并加水拌合得到的混合料叫作三合土，其夯实后可作为路基或垫层。而将生石灰粉、黏土按 1：（2 ~ 4）的比例配合，并加水拌合得到的混合料叫作灰土，其也可以作为建筑物的基础、道路路基及垫层等。

（4）生产硅酸盐制品。硅酸盐制品主要包括粉煤灰混凝土、粉煤灰砖、硅酸盐砌块、灰砂砖、加气混凝土等。它们主要以石英砂、粉煤灰、矿渣、炉渣等为原料，其中的 SiO_2、Al_2O_3 与石灰在蒸汽养护或蒸压养护条件下生成水化硅酸钙和水化铝酸钙等水硬性产物，产生强度。这个过程中若没有 $Ca(OH)_2$ 参与反应，则强度很低。

（5）加固含水的软土地基。生石灰可用来加固含水的软土地基，如石灰桩，它是在桩孔内灌入生石灰块，利用生石灰吸水熟化时体积膨胀的性能产生膨胀压力，从而加固地基。

鉴于石灰的性质，它必须在干燥的条件下运输和贮存，且不宜久存。若长时间存放必须保证密闭、防水、防潮。

（二）建筑石膏

1. 建筑石膏的特性

（1）凝结硬化快；

（2）具有微膨胀性；

（3）孔隙大；

（4）耐水性差；

（5）抗火性好。

2. 建筑石膏的技术要求

《建筑石膏》（GB/T9776—2008）规定：建筑石膏的主要技术要求体现在细度、凝结时间和强度三个方面。建筑石膏容易与水发生反应，因此，石膏在运输贮存的过程中应注意防水、防潮。另外，长期贮存会使建筑石膏的强度下降很多（一般贮存 3 个月后，强度会下降 30% 左右），因此，建筑石膏不宜长期贮存。一旦贮存时间过长，应重新检验确定等级。

浆体开始失去可塑性的状态称为浆体初凝，从加水至初凝的这段时间称为浆体的初凝时间；浆体完全失去可塑性，并开始产生强度称之为浆体终凝，从加水至终凝的时间称为浆体的终凝时间。

3. 建筑石膏的应用

建筑石膏的用途广泛，主要用于室内抹灰、粉刷，生产各种石膏板及装饰制品，作为水泥原料中的缓凝剂和激发剂等。

（1）室内抹灰和配制粉刷石膏。以建筑石膏为基料加水、砂拌合成的石膏砂浆，用于室内抹灰时，因其具有良好的装饰性及具有能够调节环境温度、湿度的特点，故会给人以舒适感。

由于建筑石膏的特性，它可被用于室内的抹灰及粉刷。建筑石膏加水、砂及缓凝剂拌合成石膏砂浆，用于室内抹灰或作为油漆打底使用。其特点是隔热保温性能好、热容量大、吸湿性大，因此，可以一定限度地调节室内温、湿度，保持室温的相对稳定。另外，这种抹灰墙面还具有阻火、吸声、施工方便、凝结硬化快、黏结牢固等特点，因此，可称为室内高级粉刷及抹灰材料。

（2）制作建筑装饰制品。以杂质含量少的建筑石膏（有时称为模型石膏）加入少量纤维增强材料和建筑胶水等，可制作成各种建筑装饰制品，如石膏角线、线板、角花、灯圈、罗马柱、雕塑等艺术制品，也可掺入颜料制成彩色制品。

（3）石膏板。随着框架轻板结构的发展，石膏板的生产和应用也发展很快。由于石膏板具有原料来源广泛、生产工艺简便、轻质、保温、隔热、吸声、不燃及可锯可钉性等优点，故该材料被广泛应用于建筑行业。

常用的石膏板有纸面石膏板、纤维石膏板、装饰石膏板、空心石膏板、吸声用穿孔石膏板等。

这里需注意的是，通常装饰石膏板所用的原料是磨得更细的建筑石膏，即模型石膏。

（三）水玻璃

水玻璃俗称泡花碱，是一种可溶性硅酸盐，由碱金属氧化物和二氧化硅组成，如硅酸钠（$Na_2O \cdot nSiO_2$）、硅酸钾（$K_2O \cdot nSiO_2$）等。建筑中常用的是硅酸钠液态水玻璃。

水玻璃分子式中 SiO_2 与碱金属氧化物的摩尔数比值 n，称为水玻璃的模数。水玻璃的模数与其黏度、溶解度有密切的关系。n 值越大，水玻璃中胶体组分（SiO_2）越多，水玻璃黏度越大，越难溶于水。相同模数的水玻璃，其密度和黏度越大，硬化速度越快，硬化后的黏结力与强度也越高。工程中常用的水玻璃模数为 2.6 ~ 2.8，其密度为 1.3 ~ 1.4g/cm³。水玻璃模数的大小可根据要求配制。

水玻璃在空气中吸收二氧化碳，转化成无定形硅酸凝胶，并逐渐干燥而硬化。由于空气中二氧化碳浓度较低，硬化过程进行得非常缓慢，为了加速硬化，常加入氟硅酸钠（Na_2SiF_6）作为促硬剂，促使硅酸凝胶析出。氟硅酸钠的适宜用量为水玻璃质量的 12% ~ 15%。

1. 水玻璃的技术性质

（1）黏结力强，强度较高。

（2）耐酸性好，可抵抗除氢氟酸、过热磷酸以外的几乎所有的无机酸和有机酸。

（3）耐热性好，硬化后形成的二氧化硅网状结构高温时强度下降不大。

2. 水玻璃的应用

（1）配制耐酸混凝土、耐酸砂浆和耐酸胶泥等。

（2）配制耐热混凝土、耐热砂浆及耐热胶泥。

（3）涂刷材料表面，提高材料的抗风化能力。硅酸凝胶可填充材料的孔隙，使材料更加致密，提高了材料的密实度、强度、抗渗等级、抗冻等级及耐水性等，从而提高了材料的抗风化能力。

（4）配制速凝防水剂。水玻璃加两种矾、三种矾或四种矾，即可配制成二矾、三矾、四矾速凝防水剂。

（5）加固土壤。将水玻璃和氯化钙溶液交替压注到土壤中，生成硅酸凝胶和硅酸钙凝胶，可使土壤固结，从而加固地基。

二、水硬性胶凝材料

水硬性胶凝材料是指不仅能在空气中凝结硬化，而且能更好地在水中凝结硬化并保持和发展强度的材料，主要有各类水泥和某些复合材料。这类材料在水中凝结硬化的效果比在空气中还好，因此，在空气中使用时，在凝结硬化初期要尽可能浇水或保持潮湿养护。水硬性胶凝材料通常指水泥。

（一）水泥的分类及适用范围

通用水泥有五种，它们均以硅酸盐水泥为基础，生产方式是将硅酸盐水泥熟料、混合材料和石膏经磨细制成成品。通用水泥根据掺入的混合材料的种类和比例不同而加以区分。

（二）水泥的组成

1. 硅酸盐水泥熟料

硅酸盐水泥熟料是由石灰石、黏土和铁矿粉等生料，按一定比例混合、磨细、煅烧而成的黑色球状颗粒或块料。其主要矿物组成为硅酸三钙、硅酸二钙、铝酸三钙和铁铝酸四钙等。

各种矿物单独与水作用时，表现出不同的性能。硅酸三钙的水化速度较快，水化热较大，且主要是早期放出，其强度最高，是决定水泥强度的主要矿物；硅酸二钙的水化速度最慢，水化热最小，且主要是在后期放出，是保证水泥后期强度的主要矿物；铝酸三钙是水化速度最快、水化热最大的矿物质，且硬化时体积收缩最大；铁铝酸四钙的水化速度也较快，仅次于铝酸三钙，其水化热中等，有利于提高水泥的抗拉强度。水泥是几种熟料矿物的混合物，改变矿物成分的比例时，水泥性质会发生相应的变化，可制成不同性能的水泥。例如，提高硅酸三钙的含量，可制得快硬高强水泥；降低硅酸三钙和铝酸三钙的含量和提高硅酸二钙的含量，可制得水化热小的热水泥；提高铁铝酸四钙的含量、降低铝酸三钙的含量，可制得道路水泥。

2. 石膏

石膏是硅酸盐系水泥必不可少的组成材料，其主要作用是延缓水泥的凝结时间。石膏掺量的多少取决于铝酸三钙含量的多少。严格控制石膏掺量，不仅能使水泥发挥最好的强度，而且能确保水泥体积安定性良好。而石膏掺量过少，起不到缓凝作用。常采用天然或合成的二水石膏（$CaSO_4 \cdot 2H_2O$）。

3. 混合材料

混合材料是指在生产水泥及各种制品和构件时，常掺入的大量天然或人工矿物材料。掺入混合材料的目的是调整水泥强度等级，扩大使用范围，改善水泥的某些性能，增加水泥的品种和产量，降低水泥成本并且充分利用工业废料，减轻对环境的负担。混合材料按照其参与水化的程度，分为活性混合材料和非活性混合材料两类。

（三）水泥的水化与凝结硬化

水泥加水拌和后，首先是水泥颗粒表面的矿物溶解于水，并与水发生水化反应，最初形成具有可塑性的浆体（称为水泥净浆），随着水泥水化反应的进行逐渐变稠而失去塑性，这一过程称为水泥的"凝结"。此后，随着水化反应的继续，浆体逐渐变为具有一定强度的坚硬固体水泥石，这一过程称为"硬化"。可见，水化是水泥产生凝结硬化的前提，而凝结硬化则是水泥水化的必然结果。

矿渣水泥、火山灰质水泥、粉煤灰水泥和复合水泥的混合材料掺量都在 15%（质量分数）以上，可把它们称为掺大量混合材料的硅酸盐水泥。其水化要经历"二次水化"过程：第一次是硅酸盐水泥熟料矿物进行水化；第二次是第一次水化产物 $Ca(OH)_2$ 和掺入的石膏作为活性混合材料的激发剂，促使参与活性混合材料的水化。

水泥石是指水泥硬化后变成的具有一定强度的坚硬固体。在常温下硬化的水泥石，通常是由水化产物、未水化的水泥颗粒内核、孔隙等组成的多相（固、液、气）多孔体系。

（四）水泥的腐蚀与防治

1. 水泥的腐蚀

水泥的腐蚀主要包括溶出性腐蚀和化学腐蚀。

2. 水泥腐蚀的防治

发生水泥腐蚀的基本原因有：一是水泥石中存在引起腐蚀的成分——氢氧化钙和水化铝酸钙；二是水泥石本身不紧实，有很多毛细孔通道，侵蚀性介质容易进入其内部。因此，可采取如下防治措施：

（1）根据腐蚀环境的特点，合理地选用水泥的品种。

（2）提高水泥石的密实度。

（3）在混凝土或砂浆表面进行碳化处理，使表面生成难溶的碳酸钙外壳，以提高表面密实度。

3. 水泥质量等级

（1）凝结时间。硅酸盐水泥初凝时间不小于45min，终凝时间不大于390min；普通硅酸盐水泥、矿渣硅酸盐水泥、火山灰质硅酸盐水泥、粉煤灰硅酸盐水泥和复合硅酸水泥初凝时间不小于45min，终凝时间不大于600min。

（2）安定性。沸煮法合格。

（3）不同品种、不同强度等级的通用硅酸盐水泥，不同龄期的强度等级应符合表3-11所示的规定。

第四节　混凝土

混凝土是由胶凝材料、粗细集料（或称骨料）和水按适当比例配合，拌合制成的混合物经一定时间硬化而成的人造石材。目前，工程上使用最多的是以水泥为胶凝材料，以石子为粗集料，以砂为细集料，加水并掺入适量外加剂和掺合料拌制的水泥混凝土。

混凝土按表观密度，分为重混凝土、普通混凝土和轻混凝土；按所用胶凝材料，分为水泥混凝土、沥青混凝土、聚合物混凝土等；按用途，分为结构混凝土、防水混凝土、道路混凝土、大体积混凝土等；按生产和施工方法，分为泵送混凝土、喷射混凝土、碾压混凝土、预拌混凝土（商品混凝土）等；按强度等级，分为普通混凝土、高强度混凝土和超高强度混凝土。

一、混凝土的组成材料

混凝土的基本组成材料是水泥、水、砂和石子，另外，还常掺入适量的掺合料和外加剂。

1. 水泥

（1）水泥品种的选择。水泥应根据混凝土工程特点和所处环境、温度及施工条件来选择。一般可采用常用的六大水泥品种。

（2）水泥强度等级的选择。水泥强度等级的选择应与混凝土的设计强度等级相适应。原则上是配制高强度等级的混凝土选用高强度等级的水泥，配制低强度等级的混凝土选用低强度等级的水泥。

2. 细集料

混凝土用集料按其粒径大小不同，分为细集料和粗集料。粒径为 0.15 ~ 4.75mm 的岩石颗粒称为细集料；粒径大于 4.75mm 的岩石颗粒称为粗集料。混凝土的细集料主要采用天然砂，有时也可采用人工砂。天然砂按其技术要求分为Ⅰ、Ⅱ、Ⅲ三个类别。

《建设用砂》（GB/T14684—2011）对所采用的细集料的质量要求主要有以下几个方面：

（1）有害杂质含量。砂中不应混有云母、轻物质、草根、树叶、树枝、塑料、煤块、炉渣等杂物。

（2）含泥量、石粉含量和泥块含量。含泥量、石粉含量和泥块含量过高会增加水泥用量，使硬化的混凝土强度降低，且容易开裂。

（3）砂的粗细程度和颗粒级配。砂的粗细程度是指不同粒径的砂粒混合在一起后的总体砂的粗细程度。砂通常分为粗砂、中砂、细砂三种规格。在相同砂用量条件下，细砂的总表面积较大，粗砂的总表面积较小。在混凝土中，砂表面需用水泥浆包裹并赋予流动性和黏结强度，砂的总表面积越大，需要包裹砂粒表面用的水泥浆就越多。一般用粗砂配制的混凝土比用细砂配制的混凝土所用水泥量要小。

（4）砂的坚固性。砂的坚固性是指砂在气候、环境变化或其他物理因素作用下抵抗破裂的能力，砂的坚固性用硫酸钠溶液检验。

3. 粗集料

普通混凝土常用的粗集料有卵石和碎石。粒径大于 5mm 的集料颗粒称为石子（5 ~ 90mm）。天然卵石有河卵石、海卵石和山卵石等。河卵石表面光滑、少棱角、比较洁净，有的具有天然级配，而山卵石、海卵石杂质较多，使用前必须冲洗，因此，河卵石最为常用。人工碎石干净，而且表面粗糙，富有棱角，与水泥石的界面黏结力大。

因此，在相同条件下碎石混凝土强度要高于卵石混凝土强度。

（1）有害杂质含量。粗集料中常含有一些有害杂质，如泥块、淤泥、硫化物、硫酸盐、氯化物和有机质。它们的危害与其在细集料中相同，因此，粗集料中也需要控制有害杂质含量。

（2）强度。为保证混凝土的强度，粗集料必须具有足够的强度。碎石和卵石的强度采用岩石抗压强度和压碎指标两种方法进行检验。

压碎指标检验实用方便，用于经常性的质量控制；而在选择采石场或对粗集料有严格要求，以及对质量有争议时，宜对岩石立方体抗压强度进行检验。

（3）颗粒形状及表面特征。为扩大混凝土强度和减小集料间的空隙，粗集料比较理想的颗粒形状应是三维长度相等或相近的球形或立方体形颗粒。

集料表面特征主要是指集料表面的粗糙程度及孔隙特征等。碎石表面粗糙而且具有吸收水泥浆的孔隙特征，所以，它与水泥石的黏结能力较强；卵石表面光滑且少棱角，与水泥浆的黏结能力较差，但混凝土拌合物的和易性较好。在相同的条件下，碎石混凝土比卵石混凝土强。

4. 水

用水拌合养护混凝土时，不得含有影响混凝土和易性及凝结硬化或有损强度发展、降低耐久性、加快钢筋腐蚀及导致预应力钢筋脆断、污染混凝土表面等的酸盐类或其他物质。有害物质（包括硫酸盐、硫化物、氯化物、不溶物、可溶物等）的含量及 pH 需满足规定要求。

混凝土拌合用水按水源不同，可分为生活饮用水、地表水、地下水、海水，以及经适当处理或处置后的工业废水五类。

符合国家标准的生活饮用水（如自来水）或清洁的地下水、地表水可以用来拌制各种混凝土。海水可用于拌制素混凝土（不配钢筋的混凝土），不得用于拌制钢筋混凝土和预应力混凝土，也不宜用于有饰面要求的混凝土。此外，海水还不得用于高铝混凝土。工业废水及水质不明的地表水、地下水等，需经检验合格后方能使用。

5. 掺合料

混凝土掺合料是指在混凝土（或砂浆）搅拌前或在搅拌过程中为改善混凝土性能，调节其强度等级，节约水泥用量，直接加入的人造或天然的矿物材料以及工业废料，掺量一般大于水泥质量的 5%。

二、混凝土的性能

混凝土的性能包括两个部分：硬化前——和易性；硬化后——强度、耐久性、变形性能。

（一）和易性

混凝土的各组成材料按一定比例配合、搅拌而成的尚未凝固的材料，称为混凝土拌合物，又称新拌混凝土。混凝土拌合物的性质将会直接影响硬化后混凝土的质量。混凝土拌合物的性质好坏可通过和易性来评定。

和易性是指混凝土拌合物易于施工操作（搅拌、运输、浇筑、捣实），并能获得均匀、密实混凝土的性能。和易性是一项综合性的技术指标，包括流动性、黏聚性和保水性三方面的性能。

流动性是指混凝土拌合物在自重或机械工业振捣的作用下，能流动并均匀密实地填满模板的性能。

黏聚性是指混凝土各组成材料之间有一定的黏聚力，使混凝土保持整体均匀，在运输和浇筑过程中不致产生分层和离析现象的性能。黏聚性差会影响混凝土的成型、浇筑质量，造成强度下降，耐久性不满足要求。

保水性是指混凝土拌合物保持水分易析出的能力。保水性差的混凝土拌合物，在施工中容易泌水，并积聚到混凝土表面，引起表面疏松，或积聚到集料及钢筋的下表面而形成空隙，从而削弱了集料及钢筋与水泥石的结合力，影响混凝土硬化后的质量并降低了混凝土的强度和耐久性。

1. 和易性的测定

混凝土拌合物的和易性内涵比较复杂，难以用一种简单的测定方法和指标来全面、恰当地评价。目前，混凝土拌合物的和易性采用测定和评定相结合的方法进行评价。混凝土流动性可通过测定坍落度、坍落扩展度、维勃稠度等指标来评定。

2. 流动性（坍落度）的选择

混凝土拌合物的坍落度，要根据构件的截面大小、钢筋疏密和捣实方法来确定。当构件截面尺寸较小或钢筋较密，或采用人工插捣时，坍落度可选择大些。反之，当构件截面尺寸较大或钢筋较疏，或采用捣动器振捣时，坍落度可选择小些。

3. 和易性的影响因素

（1）水泥浆含量。水泥浆数量多则流动性好，但水泥浆过多则会流浆、泌水、分层和离析，即黏聚性和保水性差，使混凝土的强度、耐久性降低，变形增加。水泥浆过少，则不能充满集料间的空隙和很好地包裹集料颗粒表面，润滑和黏结作用差，使流动性、黏聚性降低，易出现崩坍现象。故水泥浆的数量应以满足流动性为准，不宜过多。

（2）水胶比。水胶比（W/B）是指水的质量与水泥质量之比。在水泥用量一定的前提下，水胶比越小，混凝土拌合物的流动性就越差。当水胶比过小时，会使施工困难，不能保证混凝土的密实性。增大水胶比会使流动性加大，但水胶比过大，又会造成混凝土拌合物的黏聚性和保水性不良，且硬化后强度会降低。因此，水胶比应根据混凝土强度和耐久性要求合理选用。

（3）用水量。混凝土中单位用水量是决定混凝土拌合物流动性的基本因素。当所用粗、细集料的种类、比例一定时，即使水泥用量有适量变化，只要单位用水量不变，混凝土拌合物的坍落度也可以基本保持不变。也就是说，要使混凝土拌合物获得一定值的坍落度，其所需的单位用水量是一个定值。

（4）砂率。砂率是指混凝土中砂的质量占砂石总质量的百分率。砂率的变动会使集料的空隙率和集料的总表面积有明显的改变，从而对混凝土拌合物的和易性产生显著的影响。砂率过大时，集料总表面积和空隙率增大，要想保证混凝土拌合物的流动性不变，需要增大水泥用量。若水和水泥用量一定，则混凝土拌合物的流动性将降低；当砂率过小时，又会使集料空隙率变大。要想保证混凝土拌合物的流动性不变，需要增大水泥用量，若水和水泥用量一定，则混凝土拌合物的流动性将降低，所以，砂率应适中。当采用合理砂率时，在用水量及水泥用量一定的情况下，能使混凝土拌合物获得最大的流动性，保持良好的黏聚性和保水性。

（5）外加剂。在拌制混凝土时，加入少量的某种外加剂，如减水剂、引气剂等，能使混凝土拌合物在不添加水泥用量的条件下，获得很好的和易性。

（二）强度

1. 抗压强度与等级

按标准方法制作的边长为 150mm 的立方体试件，在标准条件 [温度（20±3）℃，相对湿度 90% 以上] 下，养护到 28d 龄期，用标准试验方法测得的抗压强度值称为混凝土标准立方体抗压强度（简称立方体抗压强度）。

混凝土立方体抗压强度标准值是指测得的混凝土标准立方体抗压强度总体分布中的一个值，强度低于该值的百分率不大于 5% 或该值具有 95% 强度保证率。

混凝土强度等级是按混凝土立方体抗压强度标准值划分的，并用符号 C 与立方体抗压强度标准值表示，划分为 C15、C20、C25、C30、C35、C40、C45、C50、C55、C60、C65、C70、C75、C80 共 14 个等级，如 C20 表示混凝土立方体抗压强度标准值为 20MPa。

2. 影响混凝土强度的因素

（1）水泥强度等级和水胶比。水泥强度等级和水胶比是影响混凝土强度的最主要因素。在其他条件相同时，水泥强度等级越高，则混凝土强度越高。在一定范围内，水胶比越小，混凝土强度越高；水胶比大，则用水量多，多余的游离水在水泥硬化后逐渐蒸发，使混凝土中留下许多微细小孔而不密实，从而导致混凝土强度降低。

（2）集料级配。当集料级配良好、砂率适当时，由于组成了坚硬、密实的骨架，会使混凝土强度得到提高。另外，碎石表面粗糙有棱角时，可提高集料与水泥砂浆之间的机械啮合力和黏结力。因此，在原材料、坍落度相同的条件下，用碎石拌制的混凝土比用卵石拌制的混凝土的强度要高。

（3）养护的温度和湿度。养护的温度和湿度是影响水泥水化速度和程度的重要因素，会影响混凝土的强度。在 0℃ ~ 40℃范围内，温度越高，水化越快，强度就越高；反之，强度就越低。而且当温度降到0℃以下时，水泥水化基本停止，反而因水结成冰，体积膨胀，使强度降低。为了满足水泥水化的需要，混凝土浇筑后也须保持一定时间的潮湿。湿度不够将导致失水，会严重影响其强度和耐久性。

（4）龄期。混凝土强度随龄期的增长而逐渐提高。在正常的养护条件下，混凝土强度初期（3 ~ 7d）发展快，在 28d 可达到设计强度等级，此后增长缓慢，甚至可延续几十年之久。

（三）耐久性

混凝土的耐久性是指混凝土在所处环境及使用条件下经久耐用的性能。它是一个综合性的概念，包含的内容有很多，如抗渗性、抗冻性、抗侵蚀性、抗碳化反应性能、抗碱 - 集料反应性能等。

1. 混凝土的抗渗性

混凝土的抗渗性是指混凝土抵抗压力液体（水、油、溶液等）渗透作用的能力。它是决定混凝土耐久性最主要的因素，因为外界环境中的侵蚀性介质只有通过渗透才能进入混凝土内部产生破坏作用。对于受压力液体作用的工程，如地下建筑物、水塔、压力水管、水坝、油罐及港工、海工等，必须要求混凝土具有一定的抗渗性。

2. 混凝土的抗冻性

混凝土的抗冻性是指混凝土在饱水状态下，能经受多次冻融循环而不被破坏，同时也不严重降低所具有性能的能力。在寒冷地区，特别是经常接触水又在受冻的环境下使用的混凝土，要求具有较高的抗冻性。

混凝土的抗冻性用抗冻等级来表示。抗冻等级是以 28d 龄期的混凝土标准试件，在饱水后反复冻融循环，是以抗压强度损失不超过 25%，且质量损失不超过 5% 时所能承受的最大循环次数来确定的，如F10表示混凝土能承受冻融循环的最多次数不少于 10 次。

3. 混凝土的碳化

混凝土的碳化弊多利少。由于中性化，混凝土中的钢筋会失去碱性保护而锈蚀，并引起混凝土钢筋开裂；碳化收缩会引起微细裂纹使混凝土强度降低。但是碳化时生成的碳酸钙填充在水泥石的孔隙中，对提高混凝土的密实度、防止有害杂质的侵入有一定的缓冲作用。

4.混凝土的抗侵蚀性

环境介质对混凝土的化学侵蚀主要是对水泥石的侵蚀（这已在水泥部分介绍）。

5.混凝土碱 - 集料反应

混凝土碱 - 集料反应是指混凝土内水泥中的（Na_2O+K_2O）与集料中的活性 SiO_2 反应，生成碱硅酸凝胶（Na_2OSiO_3），并从周围介质中吸收水分而膨胀，导致混凝土出现开裂破坏的现象。

（四）变形性能

在混凝土硬化的过程中，混凝土由于受到物理、化学和力学因素等影响常会发生各种变形，其可归纳为两个方面，即非荷载作用下的变形和荷载作用下的变形。其中，在非荷载作用下的变形包括化学收缩、干湿变形、碳化收缩和温度变形四种。

第五节　建筑砂浆

建筑砂浆是由胶凝材料、细集料、掺合料和水配制而成的建筑工程材料，在建筑工程中起到黏结、衬垫和传递应力的作用。与混凝土相比，建筑砂浆可看作无粗集料的混凝土，有关混凝土的相关规律，也基本适用于建筑砂浆，但建筑砂浆也有其特殊性。

建筑砂浆的种类很多，根据用途不同，可分为砌筑砂浆和抹面砂浆。

一、砌筑砂浆

能够将砖、石、砌块等黏结成为砌体的建筑砂浆，称为砌筑砂浆。它起着黏结砌块和传递荷载的作用，是砌体的重要组成部分。

（一）砌筑砂浆的组成及技术要求

1.胶结材料

建筑砂浆常用的胶结材料有水泥、石灰、石膏等。在选用时，要根据使用环境、用途等合理选择。在干燥条件下使用的砂浆既可选用气硬性胶凝材料，又可选用水硬性胶凝材料；若为在潮湿环境或水中使用的砂浆，则必须选用水泥作为胶结材料。用于砌筑砂浆的水泥，其强度等级应根据砂浆强度等级进行选择，并应尽量选用中、低强度等级的水泥。水泥强度应为砂浆强度的 4 ~ 5 倍，水泥强度等级过高，将会导致砂浆中水泥用量不足而导致保水性不良。

2.细集料（砂）

砂浆用细集料主要为天然砂，其质量要求应符合《建设用砂》（GB/T14684—2011）的规定。砌筑砂浆采用中砂拌制，既可以满足和易性要求，又能节约水泥，因此优先选用中砂。由于砂浆铺设层较薄，应对砂的最大粒径加以限制，其最大粒径不应大于 2.5mm；毛石砌体宜选用粗砂，其最大粒径应小于砂浆层厚度的 1/5 ~ 1/4。砂的含泥量不应超过 5%；强度等级为 m².5 的水泥混合砂浆，砂的含泥量不应超过 10%。

3. 掺合料

为了改善砂浆的和易性，常在砂浆中加入无机的微细颗粒的掺合料，如石灰膏、磨细生石灰、消石灰粉及磨细粉煤灰等。采用生石灰时，生石灰应熟化成石灰膏。熟化时应用孔径不大于 3mm × 3mm 的网过滤，熟化时间不得少于 7d。沉淀池中贮存的石灰膏，应采取防止干燥、冻结和污染的措施。严禁使用脱水硬化的石灰膏。由块状生石灰磨细得到的磨细生石灰，其细度用 0.080mm 筛的筛余量不应大于 15%。消石灰粉使用时也应预先浸泡，不得直接用于砌筑砂浆。石灰膏、电石膏试配时的稠度应为（120 ± 5）mm。粉煤灰的品质指标应符合国家有关标准的要求。砌筑砂浆中所掺入的微末剂等有机塑化剂，应经砂浆性能试验合格后方可使用。

4. 水

砂浆拌合用水与混凝土拌合用水的要求都基本相同，应选用无有害杂质的洁净水拌合砂浆，未经试验鉴定的污水不能使用。

5. 外加剂

在拌合砂浆时，掺入外加剂可以改善砂浆的某些性能。但使用外加剂时，必须具有法定检测机构出具的该产品的砌体强度型式检验报告，并经砂浆性能试验合格后方可使用。

（二）砌筑砂浆的技术性质

砌筑砂浆的技术性质，主要有新拌砂浆的和易性、硬化后砂浆的强度和黏结力。

1. 和易性

和易性指砂浆拌合物是否便于施工和操作，并能保证质量均匀的综合性质，包括流动性和保水性两个方面。

（1）流动性。砂浆的流动性又叫作砂浆的稠度，是指砂浆在自重或外力作用下流动的性能，用沉入度来表示。沉入度以砂浆稠度测定仪的圆锥体沉入砂浆内的深度（mm）表示。圆锥沉入深度越大，砂浆的流动性越大，若流动性过大，砂浆易分层、析水；若流动性过小，则不便施工操作，灰缝不易填充，所以，新拌砂浆应具有适宜的稠度。

（2）保水性。保水性是指砂浆拌合物保持水分的能力。保水性好的砂浆在存放、运输和使用过程中，能很好地保持水分，使水分不致很快流失，各组分不易分离，在砌筑过程中容易铺成均匀、密实的砂浆层，能使胶结材料正常水化，最终保证工程的质量。砂浆的保水性用分层度表示，先将搅拌均匀的砂浆拌合物一次装入分层度筒，测定沉入度，然后静置 30min 后，去掉上节 200mm 砂浆，将剩余的 100mm 砂浆倒出，放在搅拌锅内搅拌 2min，再测其沉入度，两次测得的沉入度之差为该砂浆的分层度值。砂浆的分层度以 10 ~ 20mm 为宜。分层度过大，砂浆易产生离析，不便于施工和水泥硬化。因此，水泥砂浆分层度不应大于 30mm，水泥混合砂浆分层度一般不会超过 20mm；分层度接近零的砂浆，容易发生干缩裂缝。

2. 强度及强度等级

砂浆强度等级是以边长为 70.7mm 的立方体试块，在标准养护条件 [水泥混合砂浆为温度（20±2）℃，相对湿度 60% ~ 80%；水泥砂浆为温度（20±2）℃，相对湿度 90% 以下] 下，用标准试验方法测得 28d 龄期的抗压强度来确定的。砌筑砂浆的强度等级有 M30、M25、M20、M15、M10、M7.5、M5。

3. 黏结力

砂浆能把许多块状的砖石材料黏结成一个整体。因此，砌体的强度、耐久性及抗震性取决于砂浆黏结力的大小。砂浆的黏结力随抗压强度的增大而加强。另外，砂浆的黏结力与砖石的表面状态、清洁程度、湿润状况及施工养护条件等因素有关。

4. 变形性及抗冻性

砂浆在承受荷载或温湿度条件变化时，均会产生变形。如果变形过大或者不均匀，会降低砌体的质量，引起沉陷或裂缝。用轻集料拌合的砂浆，其收缩变形要比普通砂浆大。

在受冻融影响较多的建筑部位，要求砂浆具有一定的抗冻性。对有冻融次数要求的砌筑砂浆，经冻融试验后，质量损失率不得大于 5%，抗压强度损失率不得大于 25%。

二、抹面砂浆

抹面砂浆是涂抹在建筑物或构筑物的表面，既保护墙体，又具有一定装饰性的建筑材料。抹面砂浆要求具有良好的和易性，容易抹成均匀、平整的薄层，便于施工；还应有较高的黏结力，砂浆层应能与底面黏结牢固，长期使用会导致开裂或脱落；处于潮湿环境或易受外力作用部位（如地面、墙裙等）时，还应具有较高的耐水性和强度。

根据抹面砂浆功能的不同，抹面砂浆分为普通抹面砂浆、装饰抹面砂浆和特种砂浆（如防水砂浆、保温砂浆、吸声砂浆、耐酸砂浆等）。

（一）普通抹面砂浆

普通抹面砂浆是涂抹在建筑物表面保护墙体，且具有一定装饰性的砂浆。

抹面砂浆应能与基面牢固地黏结，因此，要求砂浆具有良好的和易性及较高的黏结力。抹面砂浆常有两层或三层做法。各层砂浆的要求不同，因此，每层所选用的砂浆也不一样。一般底层砂浆起黏结基层的作用，因此，要求砂浆应具有良好的和易性和较高的黏结力，所以，底层砂浆的保水性要好，否则，水分易被基层材料吸收而影响砂浆的黏结力。基层表面粗糙些，有利于与砂浆的黏结。中层抹灰主要是为了找平，有时可省去。

面层抹灰主要为了平整、美观，因此应选细砂。

砖墙的底层抹灰，多用石灰砂浆；板条墙或板条顶棚的底层抹灰，多用混合砂浆或石灰砂浆；混凝土墙、梁、柱、顶板等底层抹灰，多用混合砂浆、麻刀石灰浆或纸筋石灰浆。

在容易碰撞或潮湿的地方，应采用水泥砂浆（如墙裙、踢脚板、地面、雨篷、窗台以及水池、水井等）。在硅酸盐砌块墙面上做砂浆抹面或粘贴饰面材料时，最好砂浆层内夹一层事先固定好的钢丝网，以避免日后发生剥落的现象。

（二）装饰抹面砂浆

装饰抹面砂浆是用于室内外装饰，以增加建筑物美观为主要目的的砂浆。其底层和中层抹灰与普通抹面砂浆基本相同，主要是装饰抹面砂浆的面层选材有所不同。为了提高装饰抹面砂浆的装饰艺术效果，一般面层选用具有一定颜色的胶凝材料和集料以及采用某些特殊的操作工艺，使装饰面层呈现出各种不同的色彩、线条与花纹等。

装饰抹面砂浆所采用的胶凝材料有白色水泥、彩色水泥或在常用的水泥中掺加耐碱矿物颜料配成彩色水泥及石灰、石膏等。集料多为白色、浅色或彩色的天然砂，彩色大理石或花岗石碎屑，陶瓷碎粒或特制的塑料色粒等混合而成。

根据砂浆的组成材料不同，装饰抹面砂浆可分为灰浆类砂浆饰面和石碴类砂浆饰面。

灰浆类砂浆饰面是以水泥砂浆、石灰砂浆及混合砂浆作为装饰用材料，通过各种工艺手段直接形成饰面层。饰面层做法除普通砂浆抹面外，还有搓毛面、拉毛灰、甩毛、扒拉灰、假面砖、拉条等做法。

石碴类砂浆饰面是用水泥（普通水泥、白色水泥或彩色水泥）、石碴、水（有时掺入一定量的胶黏剂）制成石碴浆，用不同的做法，造成石碴不同的外露形式，以及水泥与石碴的色泽对比，构成不同的装饰效果，常见的做法有水刷石、水磨石、斩假石、拉假石、干粘石等。

（三）特种砂浆

1. 防水砂浆

防水砂浆是一种制作防水层的抗渗性高的砂浆。砂浆防水层又称为刚性防水层，适用于不受振动和具有一定刚度的混凝土或砌体结构工程，用于地下室、水塔、水池、储液罐等的防水。防水砂浆的防渗效果在很大程度上取决于施工的质量。一般采用五层做法，每层约 5mm，每层在初凝前要压实一遍，最后一遍要压光并精心养护。

2. 保温砂浆

保温砂浆又称为绝热砂浆，是采用水泥、石灰、石膏等胶凝材料与膨胀珍珠岩或膨胀蛭石、陶砂等轻质多孔集料按一定比例配合制成的砂浆。保温砂浆具有轻质、保温隔热、吸声等特点，其导热系数为 0.07 ~ 0.10W/（m·K），可用于屋面保温层、保温墙壁及供热管道保温层等地方。常用的保温砂浆有水泥膨胀珍珠岩砂浆、水泥膨胀蛭石砂浆、水泥石灰膨胀蛭石砂浆等。

3. 吸声砂浆

一般由轻质多孔集料制成的保温砂浆都具有吸声性能。另外，吸声砂浆也可以用水泥、石膏、砂、锯末（体积比为 1 : 1 : 3 : 5）配制，或者在石灰、石膏砂浆中掺入玻璃纤维、矿棉等松软纤维材料配制。吸声砂浆主要用于室内墙壁和顶棚的吸声。

4. 耐酸砂浆

是用水玻璃与氟硅酸钠拌制而成的耐酸砂浆，有时可加入石英石、花岗石、铸石等粉状细集料。水玻璃硬化后具有很好的耐酸性能。耐酸砂浆可用于耐酸地面、耐酸容器基座以及工业生产中与酸接触的结构部位。在某些会可能受到酸雨腐蚀的地区，对建筑物进行外墙装修时应用这种耐酸砂浆，这对提高建筑物的耐酸雨腐蚀性能有一定的作用。

5. 防射线砂浆

在水泥砂浆中掺入重晶石粉、重晶石砂，可配制有防 X 射线、γ 射线能力的砂浆。其质量配合比为水泥：重晶石粉：重晶石砂 =1 : 0.25 : （4 ~ 5）。如在水泥中掺入硼砂、硼化物等，可配制具有抗中子射线的防射线砂浆。厚重、气密、不易开裂的砂浆，也可阻止地基中土壤或岩石里的氡（具有放射性的惰性气体）向室内迁移或流动。

6. 膨胀砂浆

在水泥砂浆中加入膨胀剂或使用膨胀水泥，可配制膨胀砂浆。膨胀砂浆具有一定的膨胀特性，可补充一般水泥砂浆由于收缩而产生的干缩开裂。膨胀砂浆还可在修补工程和装配式墙板工程中的应用，靠其膨胀作用来填充缝隙，以达到黏结、密封的目的。

第六节　墙体材料

在房屋建设中，墙体不但具有围护功能，而且还可以美化环境。组成墙体的材料是建筑工程中十分重要的材料，在房屋建筑材料中占有 70% 的比重。目前，墙体材料的品种较多，总体可归纳为砌墙砖、砌块和墙用板材三大类。

一、砌墙砖

砌墙砖是由黏土、工业废料或其他地方资源为主要原料，以不同工艺制成的在建筑工程中用于砌筑墙体的砖的统称。砌墙砖是房屋建筑工程的主要墙体材料，具有一定的抗压强度，其外形多为直角六面体。

砌墙砖按照生产工艺，分为烧结砖和非烧结砖。经焙烧制成的砖为烧结砖；经碳化或蒸汽（压）养护硬化而成的砖属于非烧结砖。按照孔洞率（砖上孔洞和槽的体积总和与按外廓尺寸算出的体积之比的百分率）的大小，砌墙砖可分为实心砖、多孔砖和空心砖。

（一）烧结砖

凡以黏土、页岩、煤矸石、粉煤灰等为原料，经成型、干燥及焙烧所得的用于砌筑承重或非承重墙体的砖，统称为烧结砖。

烧结砖按有无穿孔，可分为烧结普通砖、烧结多孔砖、烧结空心砖。

1. 烧结普通砖

烧结普通砖是指以黏土、页岩、煤矸石、粉煤灰、建筑渣土、淤泥（江河湖淤泥）、污泥等为主要原料，经焙烧而成的主要用于建筑物承重部位的普通砖。

烧结普通砖按所用原材料的不同，可分为黏土砖（N）、页岩砖（Y）、煤矸石砖（M）、粉煤灰砖（F）、建筑渣土砖（Z）、淤泥砖（U）、污泥砖（W）、固体废弃物砖（G）等。

烧结普通砖具有较高的强度，良好的绝热性、透气性和体积稳定性，较好的耐久性及隔热、隔声、价格低等优点，是应用最广泛的砌筑材料之一。在建筑工程中，其主要是用作墙体材料。其中，优等品可用于清水墙和墙体装饰，一等品、合格品用于混水墙，而中等泛霜的砖不能用于潮湿部位。烧结普通砖也可用于砌筑柱、拱、烟囱、基础等，还可以与轻集料混凝土、加气混凝土等隔热材料混合使用，或者中间填充轻质材料做成复合墙体，在砌体中适当配置钢筋或钢丝制作柱、过梁作为配筋砌体，代替钢筋混凝土柱或过梁等。

2. 烧结多孔砖

烧结多孔砖即竖孔空心砖，是以黏土、页岩、煤矸石为主要原料，经焙烧而成的主要用于承重部位的多孔砖，其孔洞率为20%左右。按主要原料，分为黏土砖（N）、页岩砖（Y）、煤矸石砖（M）、粉煤灰砖（F）、淤泥砖（U）、固体废弃物砖（G）。烧结多孔砖分为M型和P型。烧结多孔砖主要用于建筑物的承重墙。M型砖符合建筑模数，使设计规范化、系列化；P型砖便于与普通砖配套使用。

3. 烧结空心砖和空心砌块

烧结空心砖是以黏土、页岩、粉煤灰、煤矸石等为主要原料，经焙烧而成的孔洞率大于或等于40%的砖。其自重较轻、强度低，主要用于非承重墙和填充墙体。其孔洞多为矩形孔或其他孔型，数量少而尺寸大，孔洞平行于受压面。

《烧结空心砖和空心砌块》（GB/T13545—2014）规定：烧结空心砖和空心砌块的外形为直角六面体。混水墙用烧结空心砖和空心砌块，应在大面和条面上设有均匀分布的粉刷槽或类似结构，深度不小于2mm。

烧结空心砖和空心砌块的长度、宽度、高度尺寸应符合下列要求：

长度规格尺寸（mm）：390、290、240、190、180（175）、140；

宽度规格尺寸（mm）：190、180（175）、140、115；

高度规格尺寸（mm）：180（175）、140、115、90。

其他规格尺寸由供需双方协商来确定。

（二）非烧结砖

不经焙烧而制成的砖均为非烧结砖，如碳化砖、免烧免蒸砖、蒸养（压）砖等。目前，应用较广的是蒸养（压）砖，这类砖是以含钙材料（石灰、电石渣等）和含硅材料（砂子、粉煤灰、煤矸石、灰渣、炉渣等）与水拌合，经压制成型，经常压或高压蒸汽养护而成的，其主要品种有蒸压灰砂砖、蒸压粉煤灰砖、炉渣砖等。

1. 蒸压灰砂砖

蒸压灰砂砖（简称灰砂砖）是以石灰和砂为主要原料，经坯料制备、压制成型，再经高压饱和蒸汽养护而成的砖。其外形为直角六面体，规格尺寸为240mm×115mm×53mm。蒸压灰砂砖在高压下成型，又经过蒸压养护，砖体组织致密，具有强度高、大气稳定性好、干缩率小、尺寸偏差小、外形光滑平整等特性。蒸压灰砂砖色泽淡灰，如配入矿物颜料，则可制成各种颜色的砖，有较好的装饰效果。蒸压灰砂砖主要用于工业与民用建筑的墙体和基础。其中，MU15、MU20、MU25的蒸压灰砂砖可用于基础及其他部位，MU10的蒸压灰砂砖可用于防潮层以上的建筑部位。

2. 蒸压粉煤灰砖

蒸压粉煤灰砖是以粉煤灰、生石灰为主要原料，掺加适量石膏等外加剂和其他集料，经坯料制备、压制成型，经高压蒸汽养护而制成的砖。其产品代号为AFB。蒸压粉煤灰砖按产品代号（AFB）、规格尺寸、强度等级、标准编号的顺序进行标记。如规格尺寸为240mm×115mm×53mm、强度等级为MU15的蒸压粉煤灰砖标记为：AFB240mm×115mm×53mm MU15JC/T239。蒸压粉煤灰砖可用于工业与民用建筑的基础墙体。

3. 炉渣砖

炉渣砖是以煤燃烧后的残渣为主要原料，配以一定数量的石灰和少量石膏，加水搅拌混合、压制成型，经蒸养或蒸压养护而制成的实心砖。炉渣砖可用于一般工业与民用建筑的墙体和基础。

二、砌块

砌块是用于砌筑形体大于砌墙砖的人造块材。砌块一般为直角六面体，也有各种异形的。

砌块按照其系列中主规格高度的大小，分为小型砌块、中型砌块和大型砌块；按有无孔洞，分为实心砌块与空心砌块；按原材料的不同，分为水泥混凝土砌块、粉煤灰砌块、加气混凝土砌块、轻集料混凝土砌块等。

砌块是一种新型的墙体材料，可以充分利用地方资源和工业废渣，可节省黏土资源和改善环境，同时具有生产工艺简单、原料来源广、适应性强、制作及使用方便灵活、可以改善墙体功能等特点，因此发展较快。

1. 蒸压加气混凝土砌块

蒸压加气混凝土砌块（简称加气混凝土砌块）是以钙质材料（水泥、石灰等）和硅质材料（矿渣、砂、粉煤灰等）以及加气剂（铝粉），经配料、搅拌、浇筑、发气、切割和蒸压养护等工艺制成的一种轻质、多孔墙体材料。

根据《蒸压加气混凝土砌块》（GB11968—2006）的规定，砌块按尺寸偏差、外观质量、体积密度和抗压强度，分为优等品（A）、一等品（B）、合格品（C）三个质量等级。

蒸压加气混凝土砌块质量轻，表观密度约为烧结普通砖的1/3，具有保温及耐火性好、抗震性能强、易于加工、施工方便等特点。它适用于低层建筑的承重墙、多层建筑的隔墙及高层框架结构的填充墙，也可用于复合墙板和屋面结构。但在无可靠的防护措施时，不得用于风中或高湿度及有侵蚀介质的环境中，也不得用于建筑物的基础和温度长期高于80℃的建筑部位。

2. 粉煤灰砌块

粉煤灰砌块又称为粉煤灰硅酸盐砌块。它是以粉煤灰为主要原料，一般以炉渣作为粗集料，以石灰、石膏作为胶结材料，经加水拌合、振动成型、蒸汽养护而成的密实砌块。

粉煤灰砌块的主规格尺寸有880mm×380mm×240mm和880mm×430mm×240mm两种。按立方体试件的抗压强度，粉煤灰砌块可以分为10级和13级两个强度等级；按外观质量、尺寸偏差和干缩性能，粉煤灰砌块分为一等品（B）和合格品（C）两个质量等级。粉煤灰砌块的干缩值比水泥混凝土大，弹性模量低于同强度的水泥混凝土制品。粉煤灰砌块适用于一般工业与民用建筑的墙体和基础，不宜用于长期受高温（如炼钢车间）和经常处于潮湿环境中的承重墙，也不宜用于受酸性介质侵蚀的建筑部位。

3. 普通混凝土小型空心砌块

混凝土小型空心砌块是以水泥、砂石等普通混凝土材料制成的，孔洞率为25%～50%。它分为承重砌块和非承重砌块两类。为减轻自重，非承重砌块也可用炉渣或其他轻质集料配制。

普通混凝土小型空心砌块具有强度较高、自重较轻、耐久性好、外表的尺寸规整等优点，部分类型的混凝土砌块还具有美观的饰面及良好的保温隔热性能，适用于建造抗震设防烈度为8度及8度以下地区的各种建筑墙体，包括高层与大跨度的建筑，也可用于围墙、桥梁、挡土墙、花坛等市政设施，应用十分广泛。

三、墙用板材

墙用板材是一种复合的材料,其特点有质轻、节能、施工方便、快捷、使用面积大、开间布置灵活等,其发展前景广阔。墙用板材常用的品种有水泥类墙用板材、水泥刨花板、石膏类墙用板材、复合墙板等。

(一)水泥类墙用板材

水泥类墙用板材具有较好的力学性能和耐久性,生产技术成熟,产品质量可靠,可用于承重墙、外墙和复合墙板的外层面。其主要缺点就是表观密度大、抗拉强度低(大板在起吊过程中易受损)。在生产中可制作预应力空心板材,以减轻自重和改善隔声、隔热性能,也可制作纤维等来增强的薄型板材。

1. 预应力混凝土空心墙板

预应力混凝土空心墙板的构造,使用时可按要求配以保温层、外饰面层和防水层等。该类板的长度为 1000 ~ 1900mm,宽度为 600 ~ 1200mm,总厚度为 200 ~ 480mm,可用于承重或非承重外墙板、内墙板、楼板、屋面板和阳台板等。

2. 玻璃纤维增强水泥轻质多孔隔墙条板

玻璃纤维增强水泥轻质多孔隔墙条板是以耐碱玻璃纤维为增强材料,以低碱度水泥(硫铝酸盐水泥)、轻集料及水为基材,通过一定的工艺过程制成具有若干孔洞的条形板材。

(二)水泥刨花板

以水泥为胶凝材料,以木质材料(木材加工剩余物、小茎材、树桠材或植物纤维中的蔗渣、棉秆、秸秆、棕榈、亚麻秆等)的刨花碎料为增强材料,外加适量的化学助凝剂和水,采用半干法生产工艺,在受压状态下完成水泥与木质材料的凝结而形成的板材,称为水泥刨花板。其规格尺寸:长度为 2600 ~ 3200mm,宽度为 1250mm,厚度为 8 ~ 40mm。其特性是质轻、隔声、隔热、防火、防水、抗虫蛀及可锯、可钉、可胶合、可装饰等,适合作为建筑物的隔墙板、吊顶板、地板、门芯等。

(三)石膏类墙用板材

石膏类墙用板材具有质轻、绝热、吸声、防火、尺寸稳定及施工方便等优点,在建筑工程中得以广泛应用,是一种发展前景很广阔的新型建筑材料,主要有纸面石膏板、纤维石膏板、石膏空心条板等。

1. 纸面石膏板

纸面石膏板是以建筑石膏(半水石膏)为胶凝材料,掺入适量添加剂和纤维作为板芯,以特制的护面纸作为面层的一种轻质板材。纸面石膏板是按其特性,分为普通纸面石膏板、耐水纸面石膏板、耐火纸面石膏板、耐水耐火纸面石膏板四类。普通纸面石膏板是以建筑石膏为主要原料，掺入适量轻集料、纤维增强材料和外加剂构成芯材，并与具有一定强度的护面纸牢固地粘在一起的建筑板材；若在芯材配料中加入耐水外加剂，并与耐水护面纸牢固地粘在一起，即可制成耐水纸面石膏板；若在芯材配料中加入无机耐火纤维和阻燃剂等，并与护面纸牢固地粘在一起，即可制成耐火纸面石膏板。

纸面石膏板主要用于隔墙、内墙及室内吊顶，使用时须安装龙骨以固定石膏板。

2. 纤维石膏板

纤维石膏板是由建筑石膏、纤维材料（废纸纤维或有机纤维）、多种添加剂和水经特殊工艺制成的石膏板，可分为单层均质板、三层板和轻质石膏纤维板。其规格尺寸与纸面石膏板基本相同，强度高于纸面石膏板。其特性为尺寸稳定性好、防火、防潮、隔声、可锯、可钉、可装饰。另外，它还对室内空气的湿度有一定的调节作用，且不产生有害的挥发物，可用于工业与民用建筑中的隔墙、吊顶，并可在一定程度上代替木材。

3. 石膏空心条板

石膏空心条板是以建筑石膏为胶凝材料，再加入各种轻质集料（如膨胀珍珠岩、膨胀蛭石等）和无机纤维增强材料，经搅拌、振动成型、抽芯模、干燥而成的板材。其长度为 2400 ~ 3000mm，宽度为 600mm，厚度为 60mm。

石膏空心条板具有质轻、强度高、隔热、隔声、防火性能好、可加工性好等优点，且安装墙体时不用龙骨，简单方便。它适用于各类建筑的非承重内墙；当用于相对湿度大于 75% 的环境时，板材表面应作防水等相应处理。

（四）复合墙板

复合墙板是用两种或两种以上具有完全不同性能的材料，经过一定的工艺过程制造而成的建筑预制品。复合墙板分为复合外墙板和复合内墙板。复合外墙板一般为整开间板或条式板。复合内墙板一般为条式板。复合墙板可以将不同类型板材的优点结合到一起，从而满足墙体的多功能要求（既能满足建筑节能要求，又能满足防水、强度要求）。

1. 混凝土夹心板

混凝土夹心板是以 20 ~ 30mm 厚的钢筋混凝土作为内、外表面层，中间填以矿渣毡、岩棉毡或泡沫混凝土等保温材料，内、外两层面板以钢筋件连接的板材，可用于内、外墙。

2. 金属夹心板材

金属夹心板材是以厚度为 0.5 ~ 0.8mm 的金属板为面材，以硬质聚氨酯泡沫塑料或聚苯乙烯泡沫塑料或岩棉等绝热材料为芯材，经过黏合而成的夹芯式板材。其特点是质轻、强度高、有高效绝热性、施工方便快捷、可多次拆卸、可重复安装使用、有较高的灵活性。其可用于冷库、仓库、工厂车间、仓储式超市、商场、办公楼、旧楼房加层、战地医院、展览场馆、体育场馆及候机楼等建筑。使用的金属面材主要有彩色喷钢板、彩色喷涂镀铝锌板、镀锌钢板、不锈钢板、铝板、钢板。目前，较为流行的金属面为彩色喷涂钢板。

3. 轻型夹心板

轻型夹心板是用轻质、高强的薄板作为面层，中间以轻质的保温隔热材料为芯材组成的复合板材。其中，用于面层的薄板有不锈钢板、彩色涂层钢板、铝合金板、纤维增强水泥薄板等；芯材有岩棉毡、玻璃棉毡、矿渣棉毡、阻燃型发泡聚苯乙烯、阻燃型发泡硬质聚氨酯等。轻型夹心板的性能与适用范围和泰柏板的基本相同。

第七节　建筑钢材

建筑钢材是指用于工程建设的各种钢材，包括钢结构用的各种型钢（圆钢、角钢、槽钢和工字钢）、钢板，钢筋混凝土用的各种钢筋、钢丝和钢绞线，除此之外，还包括用作门窗和建筑五金的钢材等。

建筑钢材强度高、品质均匀，具有良好的塑性和韧性，能承受冲击和振动荷载，易于加工装配，施工方便。因此，建筑钢材被广泛用于建筑工程。

建筑钢材的缺点是容易生锈、维护费用多、耐火性差。

一、建筑钢材的主要技术性能

钢材的力学性能、工艺性能是评定钢材质量的技术依据。只有掌握钢材的各种性能，才能正确、合理地选择和使用钢材。

（一）力学性能

1. 抗拉性能

抗拉性能是钢材最主要的技术性能。通过拉伸试验，可以测得钢材的屈服程度、抗拉强度和伸长率这三个重要的技术性能指标。

关于钢材的抗拉性能，可以用低碳钢受拉时的应力 - 应变（σ-ε）来描述，低碳钢从受拉至拉断，可分为以下四个阶段：

（1）弹性阶段（OA）。在该阶段，随着荷载的增加，应力和应变成正比增加。如卸去荷载，试件将恢复原状，表现为弹性变形。与 A 点相对应的应力为弹性极限，用 σp 表示。

这一范围内应力 - 应变比值为常量，称为弹性模量，用 E 表示，反映钢材的刚度。

（2）屈服阶段 AB。在该阶段，应力与应变不成比例，开始产生塑性变形，应变增加速度大于应力增长速度。图中 B 下为屈服下限，被定义为屈服点，可以用 σs 表示。一般设计中以屈服点作为强度取值依据。

（3）强化阶段 BC。过 B 点后，抗塑性变形的能力又重新提高，变形发展速度比较快，随着应力的提高而增强，对应于最高点 C 的应力，称为抗拉强度，用 σb 表示。工程中一般用屈强比（σs/σb）来反映钢材的安全可靠程度和利用率。

（4）颈缩阶段 CD。过 C 点后，材料变形迅速增大，应力反而下降，试件在拉断前，于薄弱处截面显著缩小，产生"颈缩现象"，直至断裂。钢材的塑性指标有两个，都是表示在外力作用下产生塑性变形的能力：一是伸长率 δ（即标距的伸长与原始长度的百分比），二是断面收缩率 φ（即试件拉断后，颈缩处横截面面积的最大缩减量与原始横截面积的百分比）。

塑性指标中，伸长率 δ 的大小与试件尺寸有关，常用的试件长度规定为其直径的 5 倍或 10 倍，伸长率分别用 δ5 或 δ10 表示。通常以伸长率 δ 的大小来区别塑性的好坏。伸长率越大，表示塑性越好。

对于一般非承重结构或由构造决定的构件，只要保证钢材的抗拉强度和伸长率就能满足要求；对于承重结构，则必须保证钢材的抗拉强度、伸长率、屈服强度三项指标合格。

2. 冲击韧性

钢材抵抗冲击荷载而不破坏的能力称为冲击韧性，它是以试样中断时缺口处单位截面面积所消耗的功（J/cm²）来表示的，符号为 αk。试验时将试样放置在固定支座上，然后把由于被抬高而具有一定位能的摆锤释放，使试样承受冲击弯曲以致断裂。

影响钢材冲击韧性的因素很多，如钢材的化学成分、内在缺陷、加工工艺及环境温度都会影响钢材的冲击韧性。试验结果表明，冲击韧性随温度的降低而下降，其规律是开始时下降较平缓，当达到一定温度范围时，冲击韧性会突然下降很多而呈脆性，这种脆性称为钢材的冷脆性。这时的温度称为脆性转变温度。其数值越小，说明钢材的低温冲击性能越好，因此，在负温下使用的结构，应当选用脆性转变温度低于使用温度的钢材。

（二）工艺性能
1. 冷弯性能

冷弯是指钢材在常温下承受弯曲变形的能力。冷弯是通过检验试件经规定的弯曲程度后，弯曲处拱面及两侧面有无裂纹、起层、鳞落和断裂纹等情况来进行评定的，一般用弯曲角度 α 及弯心直径 d 与钢材的厚度或直径 a 的比值来表示。弯曲角度越大，d 与 a 的比值越小，表明冷弯性能越好。

冷弯也是检验钢材塑性的一种方法，其与伸长率存在有机的联系，伸长率大的钢材，其冷弯性能必然好，但冷弯检验对钢材塑性的评定比拉伸试验更严格、更敏感。冷弯有助于暴露钢材的某些缺陷，如气孔、杂质和裂纹等，在焊接时，局部脆性及接头缺陷都可通过冷弯发现，所以，也可以用冷弯的方法检验钢材的焊接质量。对于重要结构和弯曲成型的钢材，冷弯必须合格。

2. 焊接性能

焊接是各种型钢、钢板、钢筋的重要连接方式。建筑工程的钢结构有 90% 以上是焊接结构。焊接性能好的钢材，焊接后的焊头更加牢固，硬脆倾向小，焊缝强度不低于原有钢材。因此，焊接性能是钢材加工中必须测定和评定的性能。

3. 冷加工强化处理性能

将钢材于常温下进行冷拉、冷拔或冷轧，使之产生塑性变形，从而提高强度。但钢材的塑性和韧性会降低，这个过程称为冷加工强化处理。

二、化学成分对建筑钢材性能的影响

1. 碳

碳是决定钢材性能的主要元素。当含碳量低于 0.8%（质量分数）时，随着含碳量的增加，钢材的抗拉强度和硬度提高，而塑性及韧度降低。同样，还使钢的冷弯、焊接及抗腐蚀等性能降低，并增加钢的冷脆性和时效敏感性。

2. 磷、硫

磷与碳相似，能使钢的屈服点和抗拉强度提高，塑性和韧度下降，能显著增加钢的冷脆性，焊接时焊缝容易产生了冷裂纹。

硫在钢材中以 FeS 的形式存在，是极为有害的成分，在钢材的热加工中易引起钢的脆裂，称为热脆性。硫的存在还使钢材的冲击韧度、疲劳强度、腐蚀稳定性、可焊性降低。因此，硫的含量要严格控制。

3. 氧、氮

氧、氮也是钢材中的有害元素，能显著降低钢材的塑性和韧度、冷弯性能和可焊性。

4. 硅、锰

含有少量硅对钢材是有益的，当其含量在 1%（质量分数）以内时，可提高强度，对塑性和韧度没有明显影响。但当含硅量超过 1% 时，钢材的冷脆性增加，可焊性变差。锰能消除钢材的热脆性，改善热加工性能，在保持原有塑性和冲击韧度的条件下，显著提高钢材的强度。但锰的含量不得大于 1%（质量分数），否则就会降低钢材的塑性及韧度，使其可焊性变差。

三、建筑钢材的应用

建筑工程用钢分为钢结构用钢和钢筋混凝土用钢两类，前者主要包括型钢、钢板和钢管，后者主要包括钢筋、钢丝和钢绞线。

（一）钢结构用钢

建筑钢结构近年来发展较快，特别是在高层钢结构、轻钢厂房钢结构、塔桅钢结构、大型公共建筑的网架结构等方面发展地十分迅速。

1. 碳素结构钢

《碳素结构钢》（GB/T700—2006）对碳素结构钢的牌号、表示方法、代号和符号、技术要求、试验方法、检验规则等作了具体规定。

碳素结构钢按屈服点的数值（MPa）分为 Q195、Q215、Q235、Q275 共四个牌号，钢的牌号用于表明钢材的种类，由代表屈服强度的字母 Q、屈服强度数值、质量等级符号和脱氧方法符号四个部分按顺序组成。碳素结构钢按硫、磷杂质的含量由多到少分为 A、B、C、D 四个质量等级；按脱氧的程度不同分为特殊镇静钢（TZ）、镇静钢（Z）和沸腾钢（F）。对于镇静钢和特殊镇静钢，在钢的牌号中予以省略。如 Q235-A.F，表示屈服点为 235MPa 的 A 级沸腾钢；Q235-C 表示屈服点为 235MPa 的 C 级镇静钢。由此可见，通过牌号可大致判断出钢材的质量及碳等化学成分的含量。

碳素结构钢的技术要求包括化学成分、力学性能、冶炼方法、交货状态及表面质量五个方面，应分别符合《碳素结构钢》（GB/T700—2006）的相应要求。

钢材随钢号的增大，含碳量增加，强度和硬度相应提高，而塑性和韧度则降低。

建筑工程中应用最广泛的是 Q235 钢，它的特点是既具有较高的强度，又具有较好的塑性、韧度，同时还具有较好的可焊性。综合性能好，能满足一般钢结构和钢筋混凝土用钢要求，且成本较低。其可用于轧制型钢、钢板、钢管与钢筋。

Q195、Q215 钢强度较低，塑性、韧度、加工性能及可焊性较好；而 Q275 钢强度较高，塑性、韧度较差，耐磨性较好，可焊性较差。

2. 低合金高强度结构钢

低合金高强度结构钢是在碳元素结构钢的基础上，添加少量的一种或几种合金元素（合金总量小于 5%）的一种结构钢。加入合金元素的目的是提高钢的屈服强度、耐磨性、耐蚀性及耐低温性能，而且与使用碳元素钢相比，可节约钢材 20% ~ 30%，成本并不很高，所以这是一种综合性能较好的建筑钢材。

低合金高强度结构钢分为镇静钢和特殊镇静钢两类。其牌号的表示方法由屈服点字母 Q、屈服点数值、质量等级（分 A、B、C、D、E 五个等级）三个部分组成。

低合金高强度结构钢强度高，耐磨性、耐腐蚀性、耐低温性、加工性、焊接性能等综合性能均比较好，可以广泛应用于工程中。

（二）钢筋混凝土用钢

目前，钢筋混凝土用钢主要有热轧钢筋、冷拉钢筋、冷拔低碳钢丝、冷轧带肋钢筋、冷轧扭钢筋、热处理钢筋和预应力混凝土用钢丝及钢绞线等。

1. 热轧钢筋

钢筋按外形分为光圆钢筋和带肋钢筋。光圆钢筋的横截面为圆形，且表面光滑；带肋钢筋表面上有两条对称的纵肋和沿长度方向均匀分布的横肋。带肋钢筋中，横肋的纵、横面高度相等且与纵肋相交的钢筋称为等高肋钢筋；横柱的纵、横面呈月牙形且与纵肋不相交的钢筋称为月牙肋钢筋。与光圆钢筋相比，带肋钢筋与混凝土之间的黏结力大，共同工作的性能更好。

根据《钢筋混凝土用钢第1部分：热轧光圆钢筋》（GB1499.1—2017）及《钢筋混凝土用钢 第2部分：热轧带肋钢筋》（GB1499.2—2018）的规定，热轧带肋钢筋的牌号由HRB或HRBF和屈服点的最小值表示，H、R、B、F分别为热轧（Hotrolled）、带肋（Ribbed）、钢筋（Bars）、细（Fine）四个词的英文首字母；热轧光圆钢筋现已淘汰HPB235，全部采用牌号为HPB300的钢筋。另外，热轧带肋钢筋按屈服强度特征值分为400级、500级、600级。

热轧光圆钢筋的强度较低，但塑性及焊接性能很好，用于各种冷加工，因此广泛用作普通钢筋混凝土构件的受力钢筋及各种钢筋混凝土结构的构造筋；HRB400、HRBF400钢筋强度较高，塑性和焊接性能也较好，故广泛用作大、中型钢筋混凝土结构的受力钢筋；HRB500、HRBF500、HRB600、HRBF600钢筋强度高，但塑性和焊接性能较差，可用作预应力钢筋。

2. 冷拉钢筋

将热轧钢筋在常温下拉伸至超过屈服点的某一应力，然后卸荷即制成冷拉钢筋。冷拉可使屈服点提高17%~27%、材料变脆、屈服阶段变短、伸长率降低、冷拉时效后强度略提高。冷拉既可以节约钢材，又可以制成预应力钢筋，增加了品种规格，设备简单，易于操作。是钢筋冷加工的常用方法之一。其中，CRB550为普通钢筋混凝土用钢筋，其他牌号为预应力混凝土用钢筋。

3. 冷轧带肋钢筋

冷轧带肋钢筋是热轧圆盘条经冷轧后，在其表面上带有沿长度方向均匀分布的三面或两面横肋的钢筋。

《冷轧带肋钢筋》（GB13788—2017）规定，冷轧带肋钢筋牌号由CRB和钢筋的抗拉强度最小值构成，高延性冷轧带肋钢筋牌号由CRB、钢筋抗拉强度最小值和H构成，C、R、B、H分别为冷轧（Coldrolled）、带肋（Ribbed）、钢筋（Bar）、高延性（Highelongation）四个词的英文首字母，冷轧带肋钢筋分为CRB550、CRB650、CRB800、CRB600H、CRB680H、CRB800H六个牌号。CRB550、CRB600H为普通钢筋混凝土用钢筋，CRB650、CRB800、CRB800H为预应力混凝土用钢筋，CRB680H既可作为普通钢筋混凝土用钢筋，也可作为预应力混凝土用钢筋。

第四章　建筑施工

第一节　建筑施工组织设计

一、建筑施工程序

建筑施工是建筑施工企业的基本任务，建筑施工的成果是完成各类工程项目的最终产品。将各方面的力量，各种要素如人力、资金、材料、机械、施工方法等科学地组织起来，使工程项目施工工期短、质量好、成本低，迅速发挥投资效益，提供优良的工程项目产品，这是建筑施工组织设计的根本任务。建筑施工程序是指工程项目整个施工阶段所必须遵循的顺序，它是经多年经验总结的客观规律，一般是指从接受施工任务直到交工验收所包括的各主要阶段的先后次序。施工程序可划分为以下几个阶段。

1. 投标与签订合同阶段

建筑施工企业承接施工任务的方式有：建筑施工企业自己主动对外接受的任务或建设单位主动委托的任务；参加社会公开的投标后，中标而得到的任务；国家或上级主管单位统一安排，直接下达的任务。在市场经济条件下，建筑施工企业和建设单位自行承接和委托的施工任务较多，采用招标投标的方式发包和承包。建筑施工任务是建筑业和基本建设管理体制改革的一项重要措施。

无论以哪种方式承接施工项目，施工单位都必须同建设单位签订施工合同。签订了施工合同的施工项目，才算是落实了施工任务。当然，签订施工合同的施工项目，必须是经建设单位主管部门正式批准的，有计划任务书、初步设计和总概算，已列入年度基本建设计划，落实了投资的建筑项目，否则不能签订施工合同。

施工合同是建设单位与施工单位签订的具有法律效力的文件。双方必须严格履行施工合同，任何一方因不履行施工合同而给对方造成的损失，都要负法律责任和进行赔偿。

2. 施工准备阶段

施工准备工作是建筑施工顺利进行的根本保证。施工准备工作主要有：技术准备、物资准备、劳动组织准备、施工现场准备和施工场外准备。当一个施工项目进行了图纸会审，编制和批准了单位工程的施工组织设计、施工图预算和施工预算，组织好材料、半成品和构配件的生产和加工运输，组织好施工机具进场，搭设了临时建筑物，建立了现场管理机构，调遣了施工队伍，拆迁完了原有建筑物，搞好了"三通一平"，进行了场区测量和建筑物定位放线等准备工作后，施工单位即可向主管部门提出开工报告。

3. 施工阶段

施工阶段是一个自开工至竣工的实施过程。在施工中，施工企业努力做好动态控制工作，保证质量目标、进度目标、造价目标、安全目标、节约目标的实现；管好施工现场，实行文明施工；严格履行施工合同，处理好内外的关系，管好施工合同变更及索赔；做好记录、协调、检查、分析工作。施工阶段的目标是完成合同规定的全部施工任务，达到验收、交工的条件。

4. 竣工验收阶段

竣工验收阶段也可称为结束阶段。它包括：工程收尾；进行试运转；接受正式验收；整理、移交竣工文件，进行工程款结算，总结工作，编制竣工总结报告；办理工程交付手续；解体项目经理部等。其目标是对项目成果进行总结、评价，对外结清债权债务，结束交易关系。

5. 后期服务阶段

后期服务阶段是施工项目管理的最后阶段，即在竣工验收后，按合同规定的责任期进行用后服务、回访与保修。它包括：为保证工程正常使用而做必要的技术咨询和服务；进行工程回访，听取使用单位的意见，总结经验教训，观察使用中的问题并进行必要的维护、维修和保修；进行沉降、抗震等性能观察等。

二、建筑施工组织设计的概念

建筑施工组织设计是以施工项目为对象编制的，用以指导施工的技术、经济和管理的综合性文件。

建筑施工组织设计的任务是对具体的拟建工程（建筑群或单个建筑物）的施工准备工作和整个施工过程，在人力和物力、时间和空间、技术和组织上，作出一个全面且合理，符合好、快、省、安全要求的计划安排。

建筑施工组织设计为对拟建工程施工的全过程实行科学管理提供重要手段。通过建筑施工组织设计的编制，可以全面考虑拟建工程的各种具体条件，扬长避短地拟定合理的施工方案，确定施工顺序、施工方法、劳动组织和技术经济的组织措施，统筹合理地安排拟定施工进度计划，保证拟建工程按期投产或交付使用；也可以为拟建工程的设计方案在经济上的合理性、技术上的科学性和实施工程的可能性进行论证提供依据；还可以为建设单位编制基本建设计划和施工企业编制施工计划提供依据。依据建筑施工组织设计，施工企业可以提前掌握人力、材料和机具使用上的先后顺序，全面安排资源的供应与消耗；合理地确定临时设施数量、规模和用途，以及临时设施、材料和机具在施工场地上的布置方案。

建筑施工组织设计是施工准备工作的一项重要内容，同时也是指导各项施工准备工作的重要依据。

三、建筑施工组织设计的原则与依据

1. 建筑施工组织设计的原则

（1）符合施工合同或招标文件中有关工程进度、质量、安全、环境保护、造价等方面的要求；

（2）积极开发、使用新技术和新工艺，推广应用新材料和新设备；

（3）坚持科学的施工程序和合理的施工顺序，采用流水施工和网络计划等方法，科学配置资源，合理布置现场，采取季节性的施工措施，实现均衡施工，达到合理的经济技术指标；

（4）采取技术和管理措施，推广建筑节能和绿色施工；

（5）与质量、环境和职业健康安全三个管理体系有效结合。

2. 建筑施工组织设计的依据

（1）与工程建设有关的法律、法规和文件。

（2）国家现行有关标准和技术经济指标。

（3）工程所在地区行政主管部门的批准文件、建设单位对施工的要求。

（4）工程施工合同或招标投标文件。

（5）工程设计文件。

（6）工程施工范围内的现场条件，工程地质及水文地质、气象等自然条件。

（7）与工程有关的资源供应情况。

（8）施工企业的生产能力、机具设备状况、技术水平等。

四、建筑施工组织设计的作用和分类

1. 建筑施工组织设计的作用

（1）建筑施工组织设计作为投标书的核心内容和合同文件的一部分，用于指导工程投标与签订施工合同。

（2）建筑施工组织设计是施工准备工作的重要组成部分，同时又是做好施工准备工作的依据，进而确保各施工阶段准备工作的及时进行。

（3）建筑施工组织设计是根据工程各种具体条件拟定的施工方案、施工顺序、劳动组织和技术组织措施等，是指导开展紧凑、有序施工活动的技术依据，它明确施工重点和影响工期进度的关键施工过程，并提出相应的技术、质量、安全、文明等各项目标及技术组织措施，提高综合效益。

（4）建筑施工组织设计所提出的各项资源需用量计划，直接为组织材料、机具、设备、劳动力需用量的供应和使用提供数据，协调各总包单位与分包单位、各工种、各类资源、资金、时间等方面在施工程序、现场布置和使用上的相应关系。

（5）通过编制建筑施工组织设计，可以合理利用和安排为施工服务的各项临时设施，可以合理地部署施工现场，确保文明施工和安全施工。

（6）通过编制建筑施工组织设计，可以将工程的设计与施工、技术与经济、施工全局性规律和局部性规律、土建施工与设备安装、各部门各专业之间有机结合，统一协调。

（7）通过编制建筑施工组织设计，可分析施工中的风险和矛盾，要及时研究解决问题的对策、措施，从而提高施工的预见性，减少了盲目性。

2. 建筑施工组织设计的分类

建筑施工组织设计是一个总的概念，根据建设项目的类别、工程规模、编制阶段、编制对象和范围的不同，在编制的深度和广度上也会有所不同。

按编制对象范围的不同分类。建筑施工组织设计按编制对象范围的不同，可分为施工组织总设计、单位工程施工组织设计和分部分项工程施工组织设计三种。

1）施工组织总设计以一个建设项目或一个建筑群为对象编制，对整个建设工程的施工过程的各项施工活动进行全面规划、统筹安排和战略部署，是全局性施工的技术经济文件。施工组织总设计最主要的作用是为施工单位进行全场性的施工准备和组织人员、物资供应等提供依据。施工组织总设计的主要内容有工程概况、施工部署和施工方案、施工准备工作计划、各项资源需用量计划、施工总进度计划、施工总平面图、技术经济指标分析。

2）单位工程施工组织设计是以一个单位工程为对象来编制的；是用于直接指导施

工全过程的各项施工活动的技术经济文件；是指导施工的具体文件；是施工组织总设计的具体化内容。由于它是以单位工程为对象编制的，可以在施工方法、人员、材料、机械设备、资金、时间、空间等方面进行科学合理的规划，使施工在一定的时间、空间和资源供应条件下，有组织、有计划、有秩序地进行，实现质量好、工期短、资金省、消耗少、成本低的良好效果。单位工程施工组织设计的主要内容包括工程概况、施工方案、施工进度计划、施工准备工作计划、各项资源需用量计划、施工平面图、技术经济指标、安全文明的施工措施。

3）分部分项工程施工组织设计或作业计划针对某些较重要，技术复杂，施工难度大或采用新工艺、新材料、新技术施工的分部分项工程。它用来具体指导这些工程的施工，如深基础、无黏结预应力混凝土、大型安装、高级装修工程等，其内容具体详细，可操作性强，可直接指导分部分项工程施工的技术计划，包括施工方案、进度计划、技术组织措施等，一般在单位工程施工组织设计确定施工方案后，由项目部技术负责人进行编制。

五、建筑施工组织设计的内容

建筑施工组织设计的内容是根据不同工程的特点和要求，以及现有的和可能创造的施工条件，从实际出发，决定各种生产要素（材料、机械、资金、劳动力和施工方法等）的结合方式。建筑施工组织设计应包括编制依据、工程概况、施工部署、施工进度计划、施工准备与资源配置计划、主要施工方法、施工现场平面布置及主要施工管理计划等基本内容。

在不同设计阶段编制的建筑施工组织设计文件，内容和深度也不尽相同，其作用也不一样。一般来说，施工组织条件设计是概略的施工条件分析，提出了创造施工条件和建筑生产能力配备的规划；施工组织总设计是对施工进行总体部署的战略性施工纲领；单位工程施工组织设计则是详尽的实施性的施工计划，用以具体指导现场施工活动。

六、建筑施工组织管理计划

建筑施工组织管理计划应包括进度管理计划、质量管理计划、安全管理计划、环境管理计划、成本管理计划及其他管理计划等内容。各项管理计划的制定，应根据项目的特点有所侧重。

1. 进度管理计划

（1）项目施工进度管理应按照项目施工的技术规律和合理的施工顺序，保证各工序在时间上和空间上的顺利衔接。

（2）进度管理计划应包括下列内容：

1）对项目施工进度计划进行逐级分解，通过阶段性目标的实现来保证最终工期目标的完成。

2）建立施工进度管理的组织机构并要明确职责，制定相应的管理制度。

3）针对不同施工阶段的特点，制定进度管理的相应措施，包括施工组织措施、技术措施和合同措施等。

4）建立施工进度动态管理机制，及时纠正施工过程中出现的进度偏差，并制定特殊情况下的赶工措施。

5）根据项目周边的环境特点，制定相应的协调措施，减少外部因素对施工进度的影响。

2. 质量管理计划

（1）质量管理计划可参照《质量管理体系 要求》（GB/T19001—2016），在施工单位质量管理体系的框架内编制。

（2）质量管理计划应包括下列内容：

1）按照项目具体要求确定质量目标并进行目标分解，质量指标应具有可测量性。

2）建立项目质量管理的组织机构并明确职责。

3）制定符合项目特点的技术保障和资源保障措施，通过可靠的预防控制措施，保证质量目标的实现。

4）建立质量过程检查制度，并对质量事故的处理作出相应规定。

3. 安全管理计划

（1）安全管理计划可参照《职业健康安全管理体系 要求及使用指南》（GB/T45001—2020），在施工单位安全管理体系的框架内编制。

（2）安全管理计划应包括下列内容：

1）确定项目重要危险源，制定项目职业健康安全管理目标。

2）建立有管理层次的项目安全管理组织机构并明确职责。

3）根据项目特点，进行职业健康安全方面的资源配置。

4）建立具有针对性的安全生产管理制度和职工安全教育培训制度。

5）针对项目重要危险源，制定出相应的安全技术措施；对达到一定规模的危险性较大的部分项工程和特殊工种的作业应制订专项安全技术措施的编制计划。

6）根据季节、气候的变化制定相应的季节性安全施工措施。

7）建立现场安全检查制度，并对安全事故的处理作出相应规定。

（3）现场安全管理应符合国家和地方政府部门的要求。

4. 环境管理计划

（1）环境管理计划可参照《环境管理体系 要求及使用指南》（GB/T24001—2016），在施工单位环境管理体系的框架内编制。

（2）环境管理计划应包括下列内容：

1）确定项目重要的环境因素，制定项目环境管理目标。

2）建立项目环境管理的组织机构与明确职责。

3）根据项目特点进行环境保护方面的资源配置。

4）制定现场环境保护的控制措施。

5）建立现场环境检查制度，并对环境事故的处理作出相应的规定。

（3）现场环境管理应符合国家和地方政府部门的要求。

5. 成本管理计划

（1）成本管理计划应以项目施工预算和施工进度计划为依据编制。

（2）成本管理计划应包括下列内容：

1）根据项目施工预算，制定项目施工的成本目标。

2）根据施工进度计划，对项目施工成本目标进行阶段分解。

3）建立施工成本管理的组织机构并明确职责，制定相应的管理制度。

4）采取合理的技术、组织和合同等措施，控制施工成本。

5）确定科学的成本分析方法，制定必要的纠偏措施和风险控制措施。

（3）必须正确处理成本与进度、质量、安全和环境等之间的关系。

6. 其他管理计划

（1）其他管理计划应包括绿色施工管理计划，防火保安管理计划，合同管理计划，组织协调管理计划，创优质工程管理计划，质量保修管理计划，以及对施工现场人力资源、施工机具、材料设备等生产要素的管理计划等。

（2）其他管理计划可根据项目的特点和复杂程度进行取舍。

（3）各项管理计划的内容应有目标，有组织机构，有资源配置，有管理制度和技术、组织措施等。

第二节　建筑工程测量

一、建筑工程测量的任务

建筑工程测量是属于工程测量学范畴，它是建筑工程在勘察设计、施工建设和组织管理等阶段，应用测量仪器和工具，采用一定的测量技术和方法，根据工程施工进度和质量要求，完成应进行的各种测量工作。建筑工程测量的主要任务如下：

（1）大比例尺地形图的测绘，将工程建设区域内的各种地面物体的位置、性质及地面的起伏形态，依据规定的符号和比例尺绘制成地形图，为工程建设的规划设计提供需要的图纸和资料。

（2）施工放样和竣工测量，将图上设计的建（构）筑物按照设计的位置在实地标定出来，作为施工的依据；配合建筑施工，进行各种测量工作，保证施工的质量；开展竣工测量，为工程验收、日后扩建和维修管理提供了资料。

（3）建（构）筑物的变形观测，对一些大型的、重要的或位于不良地基上的建（构）筑物，在施工运营期间，为了确保安全，需要了解稳定性，还要定期进行变形观测，同时，变形观测可作为对设计、地基、材料、施工方法等的验证依据和起到提供基础研究资料的作用。

二、建筑工程测量的作用

建筑工程测量在工程建设中有着广泛的应用，它服务于工程建设的每一个阶段。

（1）在工程勘测阶段，测绘地形图为规划设计提供各种比例尺的地形图和测绘资料。

（2）在工程设计阶段，应用地形图进行总体规划和设计。

（3）在工程施工阶段，要将图纸上设计好的建（构）筑物的平面位置和高程按设计要求测设于实地，以此作为施工的依据；在施工过程中用于土方开挖、基础和主体工程的施工测量；在施工中还要经常对施工和安装工作进行检验、校核，以保证所建工程符合设计要求；工程竣工后，还要进行竣工测量。施工测量及竣工测量可供日后扩建和维修之用。

（4）在工程管理阶段，对建（构）筑物进行变形观测，以保证工程的安全使用。

总而言之，在工程建设的各个阶段都需要进行测量工作，并且测量的精度和速度直接影响到整个工程的质量和进度。

三、建筑工程测量的工作内容

地面点的空间位置是以地面点在投影平面上的坐标（x，y）和高程（H）决定的。然而，在实际工作中，x、y、H 的值一般不是直接测定的，而是表示观测未知点与已知点之间相互位置关系的基本要素，是利用已知点的坐标和高程，用公式推算未知点的坐标和高程。

设 A、B 为坐标、高程已知的点，C 为待定点，欲确定 C 点的位置，即求出 C 点的坐标和高程。若观测了 B 点和 C 点之间的高差 hBC、水平距离 DBC 和未知方向与已知方向之间的水平角 β1，可利用公式推算出 C 点的坐标（xC，yC）和高程 HC。

由此可知，确定地面点位的基本要素是水平角、水平距离和高差。高差测量、角度测量、距离测量是测量工作的基本内容。

四、建筑工程测量的基本原则

无论是测绘地形图还是施工放样，都会不可避免地产生误差。如果从一个测站点开始，不加任何控制地依次逐点施测，前一点的误差将传递到后一点，逐点累积，点位误差将越来越大，达到不可容许的程度。另外，逐点传递的测量效率也很低。因此，测量工作必须按照一定的原则进行。

1. "从整体到局部，先控制后碎部"的原则

无论是测绘地形图还是施工放样，在测量过程中，为了减少误差的累积，保证测区内所测点的必要精度，首先应在测区选择一些有控制作用的点（称为控制点），将它们的坐标和高程都精确测定出来，然后分别以这些控制点作为基础，测定出附近碎部点的位置。这样，不仅可以很好地限制误差的积累，而且还可以通过控制测量将测区划分为若干个小区，同时展开几个工作面施测碎部点，要加快测量进度。

2. "边工作边检核"的原则

测量工作一般分外业工作和内业工作两种。外业工作的内容包括应用测量仪器和工具在测区内所进行的各种测定和测设工作；内业工作是将外业观测的结果加以整理、计算，并绘制成图以便使用，测量成果的质量取决于外业，但外业又要通过内业才能得出成果。

为了防止出现错误，无论外业或内业，都必须坚持"边工作边检核的原则"，即每一步工作均应进行检核，前一步工作未作检核，不得进行下一步工作。这样以来，不仅可以大大减少测量成果出错的概率，同时，由于每步都有检核，还可以及早发现错误，减少返工重测的工作量，从而保证测量成果的质量和较高的工作效率。

五、建筑工程测量的基本要求

测量工作是一项非常严谨、细致的工作，可谓"失之毫厘，谬以千里"，因此，在建筑工程测量过程中，测量人员必须坚持"质量第一"的观点，以严肃、认真的工作态度，保证测量成果的真实性、客观性和原始性，同时还要爱护测量仪器和工具，在工作中发扬团队精神，并做好测量工作的记录。

第三节　土方工程与浅基础工程施工

一、土方工程施工

土方工程是建筑工程施工的首项工程，主要包括土的开挖、运输和填筑等施工，有时还要进行排水、降水和土壁支护等准备与辅助工作。土方工程具有量大面广、劳动繁重和施工条件复杂等特点，受气候、水文、地质、地下障碍等因素影响较大，不确定因素较多，存在较大的危险性。因此，在施工前必须做好调查研究，选用合理的施工方案，需要采用先进的施工方法和施工机械，保证工程的质量和安全。

常见的土方工程施工包括平整场地、挖基槽、挖基坑、挖土方、回填土等。

（1）平整场地。平整场地是指工程破土开工前对施工现场厚度在 300mm 以内地面的挖填和找平。

（2）挖基槽。挖基槽是指挖土宽度在 3m 以内且长度大于宽度 3 倍时设计室外地坪以下的挖土。

（3）挖基坑。挖基坑是指挖土底面积在 20 ㎡ 以内且长度小于或等于宽度 3 倍时设计室外地坪以下的挖土。

（4）挖土方。凡是不满足上述平整场地、挖基槽、挖基坑条件的土方开挖，均为挖土方。

（5）回填土。回填土可分为夯填和松填。基础回填土和室内回填土通常都采用夯填。

二、浅基础工程施工

基础的类型与建筑物的上部结构形式、荷载大小、地基的承载能力、地基土的地质与水文情况、基础选用的材料性能等因素有关，构造方式也因基础样式及选用材料的不同而不同。浅基础一般指基础埋深为 3 ~ 5m，或者基础埋深小于基础宽度的基础，且通过排水、挖槽等普通施工即可建造的基础。

浅基础按受力特点可分为刚性基础和柔性基础。用抗压强度较大，而抗弯、抗拉强度较小的材料是建造的基础，如砖、毛石、灰土、混凝土、三合土等基础均属于刚性基础。用钢筋混凝土建造的基础叫作柔性基础。

浅基础按构造形式分为单独基础、带形基础、交梁基础、筏板基础等。单独基础也称为独立基础，是柱下基础的常用形式，截面可做成阶梯形或锥形等。带形基础是指长度远大于其高度和宽度的基础，常见的是墙下条形基础，材料有砖、毛石、混凝土和钢筋混凝土等。交梁基础是在柱下带形基础不能满足承载力要求时，将纵横带形基础连成整体而成，使基础纵、横两向均具有较大的刚度。当柱或墙体传递荷载过大，且地基土较软弱，采用单独基础或条形基础都不能满足地基承载力要求时，往往需要将整个房屋底面做成整体连续的钢筋混凝土板，作为房屋的基础，称为筏板基础。

浅基础按材料不同可分为砖基础、毛石基础、灰土基础、碎砖三合土基础、混凝土和钢筋混凝土基础。

（一）常见刚性基础施工

刚性基础所用的材料，如砖、石、混凝土等，其抗压强度较高，但抗拉及抗剪强度偏低。因此，用此类材料建造的基础，应保证其基底只受压，不受拉。由于受到压力的影响，基底应比基顶墙（柱）宽些。根据材料受力的特点，不同材料构成的基础，其传递压力的角度也不同。刚性基础中的压力分布角 α 称为刚性角。在设计中，应尽量使基础大放脚与基础材料的刚性角一致，以确保基础底面不产生拉应力，最大限度地节约基础材料。

1. 毛石基础

毛石基础是用强度较高而未风化的毛石砌筑的。毛石基础具有强度较高、抗冻、耐水、经济等特点。毛石基础的断面尺寸多为阶梯形，并常与砖基础共用作为砖基础的底层。为保证黏结紧密，每一阶梯宜用三排或三排以上的毛石砌筑，由于毛石基础尺寸较大，毛石基础的宽度及台阶高度不应小于 400mm。

施工要点如下：

（1）毛石基础应采用铺浆法砌筑，砂浆必须饱满，叠砌面的粘灰面积（砂浆饱和度）应大于 80%。

（2）砌筑毛石基础的第一皮石块应坐浆，并将石块的大面朝下，毛石基础的转角处、交接处应采用较大的平毛石砌筑。

（3）毛石基础宜分皮卧砌，各皮石块间应利用毛石自然形状经敲打修整使其能与先砌毛石基本吻合、搭砌紧密；毛石应上下错缝，内外搭砌，不得采用先砌外面侧立毛石、后中间填心的砌筑方法。

（4）毛石基础的灰缝厚度宜为 20 ~ 30mm，石块间不得有相互接触现象。石块间较大的空隙应先填塞砂浆后再用碎石块嵌实，不得采用先摆碎石块后塞砂浆或干填碎石块的方法。

（5）毛石基础的扩大部分，做成阶梯形，上级阶梯的石块应至少压砌下级阶梯石块的1/2，相邻阶梯的毛石应相互错缝搭砌；对于基础临时间断处，应留阶梯形斜槎，其高度不应超过1.2m。

2. 砖基础

砖基础具有就地取材、价格便宜、施工简便等特点，在干燥和温暖地区广泛应用。

施工要点如下：

（1）砖基础一般下部为大放脚，上部为基础墙。大放脚有等高式和间隔式，即等高式大放脚是每砌两皮砖，两边各收进1/4砖长（60mm）；间隔式大放脚是每砌两皮砖及一皮砖，交替砌筑，两边各收进1/4砖长（60mm），但最下面应为两皮砖。

（2）砖基础大放脚一般采用一顺一丁砌筑形式，即一皮顺砖与一皮丁砖相间，上、下皮竖向灰缝相互错开60mm。在砖基础的转角处、交接处，为错缝需要应加砌配砖（3/4砖、半砖或1/4砖）。

（3）砖基础的水平灰缝厚度和竖向灰缝厚度宜为10mm，水平灰缝的砂浆饱满度不得小于80%。

（4）在砖基础底面标高不同时，应从低处砌起，并应由高处向低处搭砌；当设计无要求时，搭砌长度不应小于砖基础大放脚的高度。

（5）砖基础的转角处和交接处应同时砌筑，当不能同时砌筑时应留成斜槎。基础墙的防潮层应采用1∶2的水泥砂浆。

3. 混凝土基础

混凝土基础具有坚固、耐久、耐水、刚性角大、可根据需要任意改变形状的特点，常用于地下水水位较高、受冰冻影响的建筑。混凝土基础台阶宽高比为1∶1～1∶1.5，实际使用时可将基础断面做成梯形或阶梯形。

（二）常见柔性基础施工

刚性基础受其刚性角的限制，若基础宽度大，相应的基础埋深也应加大，这样会增加材料消耗和挖方量，也会影响施工工期。在混凝土基础底部配置受力钢筋，利用钢筋受拉使基础承受弯矩，如此也就不受刚性角的限制了，所以，钢筋混凝土基础也称为柔性基础。采用钢筋混凝土基础比采用混凝土基础可节省大量的混凝土材料和挖土工程量。常用的柔性基础包括独立柱基础、条形基础、杯形基础、筏形基础、箱形基础等。

钢筋混凝土基础断面可做成梯形，高度不小于200mm，也可做成阶梯形，每踏步高300～500mm。通常情况下，钢筋混凝土基础下面设有C10或C15素混凝土垫层，厚度为100mm；无垫层时，钢筋保护层厚度为75mm，以保护受力钢筋不锈蚀。

1. 独立柱基础

常见独立柱基础的形式有矩形、阶梯形、锥形等。

施工工艺流程：清理，浇筑混凝土垫层→绑扎钢筋→支设模板→清理→浇筑混凝土→已浇筑完的混凝土，应在12h左右覆盖和浇水→拆除模板。

2. 条形基础

常见条形基础的形式有锥形板式、锥形梁板式、矩形梁板式等。

条形基础的施工工艺流程与独立柱基础的施工工艺流程十分相似。

施工要点如下：

（1）当基础高度在900mm以内时，插筋伸至基础底部的钢筋网上，并在端部做成直弯钩；当基础高度较大时，位于柱四角的插筋应伸至基础底部，其余的钢筋伸至锚固长度即可。插筋伸出基础部分的长度应按柱的受力情况及钢筋规格来确定。

（2）钢筋混凝土条形基础，在T形、L形与"十"字交接处的钢筋沿一个主要是受力方向通长设置。

（3）浇筑混凝土时，要时常观察模板、螺栓、支架、预留孔洞和预埋管有无位移情况，一经发现停止浇筑，待修整和加固模板后再继续浇筑。

3. 杯形基础

施工要点如下：

（1）将基础控制线引至基槽下，做好控制桩，并核实准确。

（2）将垫层混凝土振捣密实，表面抹平。

（3）利用控制桩定位施工控制线、基础边线至垫层表面，复查地基垫层标高及中心线位置，确定无误后，绑扎基础钢筋。

（4）自下往上支设杯形基础第一层、第二层外侧模板并加固，外侧模板一般用钢模现场拼制。

（5）支设杯芯模板，杯芯模板一般用木模拼制。

（6）进行模板与钢筋的检验，做好隐蔽验收记录。

（7）施工时应先浇筑杯底混凝土，在杯底一般有50mm厚的细石混凝土找平层，应仔细留出。

（8）分层浇筑混凝土。浇筑混凝土时，要防止杯芯模板上浮或向四周偏移，注意控制坍落度（最好控制在70～90mm）及浇筑下料速度，在混凝土浇筑到高于上层侧模50mm左右时，稍做停顿，在混凝土初凝前，接着在杯芯四周对称均匀下料振捣。特别注意混凝土必须连续浇筑，在混凝土分层时须把握好初凝时间，以保证基础的整体性。

（9）杯芯模板的拆除是视气温情况而定。在混凝土初凝后终凝前，将模板分体拆除或用撬棍撬动杯芯模板来进行拆除，须注意拆模时间，以免破坏杯口混凝土，并及时进行混凝土养护。

4.筏形基础

施工要点如下：

（1）根据在防水保护层弹好的钢筋位置线，先铺钢筋网片的长向钢筋，后铺短向钢筋，钢筋接头尽量采用焊接或用机械连接，要求接头在同一截面相互错开 50%，同一根钢筋在 35d（d 为钢筋直径）或 500mm 的长度内不得存在两个接头。

（2）绑扎地梁钢筋。在平放的梁下层水平主筋上，用粉笔画出箍筋间距，箍筋与主筋垂直放置，箍筋转角与主筋交点均要绑扎，主筋与箍筋非转角部分的相交点呈梅花形交错绑扎，箍筋的接头弯钩叠合处沿地梁水平筋交错布置绑扎。

（3）根据确定好的柱和墙体位置线，将暗柱和墙体插筋绑扎就位，并和底板钢筋点焊牢固，要求接头均相错 50%。

（4）支垫保护层。底板下垫块保护层厚度为 35mm，梁柱主筋保护层厚度为 25mm，外墙迎水面厚度为 35mm，外墙内侧及内墙厚度均为 15mm，保护层垫块间距厚度为 600mm，呈梅花形布置。设计有特殊要求时，按设计要求施工。

（5）砌筑砖胎膜前，待垫层混凝土达到 25% 设计强度后，垫层上放线超出基础底板外轮廓线 40mm，砌筑时要求拉通线，采用一顺一丁及"三一"砌筑方法，在转角处或接口处留出接槎口，墙体要求垂直。

（6）模板要求板面平整、尺寸准确、接缝严密；模板组装成型后进行编号，安装时用塔式起重机将模板初步就位，然后根据位置线加水平和斜向支撑进行加固，并调整模板位置，使模板的垂直度、刚度、截面尺寸都符合要求。

（7）基础混凝土一次性浇筑，间歇时间不能过长，混凝土浇筑顺序由一端向另一端浇筑，采用踏步式分层浇筑、分层振捣，以使水泥水化热尽量散失；振捣时要快插慢拔，逐点进行，对边角处多加注意，不得漏振，且尽量避免碰撞钢筋、芯管、止水带、预埋件等，每一插点要掌握好振捣时间，一般为 20～30s，时间过短不易振实，时间过长易引起混凝土离析。

（8）在混凝土浇筑完后要进行多次抹面，并覆盖塑料布，以防表面出现裂缝，在终凝前移开塑料布再进行搓平，要求搓压三遍，最后一遍抹压要掌握好时间，以终凝前为准，终凝时间可用手压法把握；混凝土搓平完成后，立即用塑料布覆盖，浇水养护时间为 14d。

5.箱形基础

施工要点如下：

（1）箱形基础基坑开挖。基坑开挖时应验算边坡稳定性，并注意对基坑邻近建筑物的影响；基坑开挖时如有地下水，应采用明沟排水或井点降水等方法，来保持作业现场的干燥；基坑检验后，应立即进行基础施工。

（2）在基础施工时，基础底板，顶板及内、外墙的支模、钢筋绑扎和混凝土浇筑可进行分次连续施工。

（3）箱形基础施工完毕应立即回填土，要尽量缩短基坑暴露时间，并且做好防水工作，以保持基坑内的干燥状态，然后分层回填并夯实。

第四节　砌筑工程施工

一、脚手架工程及垂直运输设施施工

1.脚手架工程施工

脚手架是砌筑过程中堆放材料和工人进行操作的临时设施。当砌体砌到一定高度时（即可砌高度或一步架高度，一般为 1.2m），砌筑质量和效率将会受到影响，这就需要搭设脚手架。砌筑用脚手架必须满足以下基本要求：脚手架的宽度应满足工人操作、材料堆放及运输要求，一般为 2m，且不得小于 1.5m；脚手架结构应有足够的强度、刚度和稳定性，保证在施工期间的各种荷载作用下，脚手架不变形、不摇晃和不倾斜；脚手架应构造简单、便于装拆和搬运，并能多次周转使用；过高的外脚手架应有接地和避雷装置。

脚手架的种类很多，按其搭设位置可分为外脚手架和里脚手架两大类；按其所用材料可分为木脚手架、竹脚手架和钢管脚手架；按其构造形式可分为多立杆式脚手架、门式脚手架、悬挑式脚手架及吊脚手架等。目前，脚手架的发展趋势是采用高强度金属制作的、具有多种功用的组合式脚手架，可以适应不同情况下作业的要求。

2.垂直运输设施施工

砌筑工程所需的各种材料绝大部分需要通过垂直运输设施运送到各施工楼层，因此，砌筑工程的垂直运输工程量很大。目前，担负垂直运输建筑材料和供人员上、下的常用垂直运输设施有井架、龙门架、施工升降机等。

（1）井架是施工中最常用、最简便的垂直运输设施，它的稳定性好，运输量大。除用型钢或钢管加工的定型井字架外，还可以用多种脚手架材料现场搭设井架。井架内设有吊篮，一般的井架多为单孔井架，但也可构成双孔或多孔井架，以满足同时运输多种材料的需要，如图 7-13 所示。

（2）龙门架是由支架和横梁组成的门形架。在门形架上安装滑轮、导轨、吊篮、安全装置、起重锁、缆风绳等部件构成一个完整的龙门架。

（3）施工升降机又称为施工的外用电梯，多数为人货两用，少数专供货用。施工升降机按其驱动方式可分为齿条驱动和绳轮驱动两种。齿条驱动施工升降机又可分为单吊箱（笼）式和双吊箱（笼）式两种，并装有可靠的限速装置，适用于 20 层以上的建筑工程；绳轮驱动施工升降机为单吊箱（笼）式，无限速装置，轻巧便宜，适用于 20 层以下的建筑工程。

二、砖砌体施工

砖砌体施工通常包括找平、放线，摆砖样，立皮数杆，盘角，挂线，砌筑，刮缝、清理等工序。

1. 找平、放线

砌砖墙前，应在基础防潮层或楼层上定出各层的设计和标高，并用 M7.5 的水泥砂浆或 C10 的细石混凝土找平，使各段墙体的底部标高在同一水平标高上，有利于墙体交接处的搭接施工和确保施工质量。外墙找平时，应采用分层逐渐找平的方法，来确保上、下两层与外墙之间不出现明显的接缝。

根据龙门板上给定的定位轴线或基础外侧的定位轴线桩，将墙体轴线、墙体宽度线、门窗洞口线等引测至基础顶面或楼板上，并弹出墨线。二楼以上各层的轴线可用经纬仪或垂球（线坠）引测。

2. 摆砖样

摆砖样是在放线的基础顶面或楼板上，按选定的组砌形式进行干砖试摆，应做到灰缝均匀、门窗洞口两侧的墙面对称，尽量使门窗洞口之间或与墙垛之间的各段墙长为1/4 砖长的整数倍，以便减少砍砖、节约材料、提高工效和施工质量。摆砖用的第一皮摺底砖的组砌一般采用"横丁纵顺"的顺序，即横墙均摆丁砖，纵墙均摆顺砖，计算时要取整数，并根据余数的大小确定是加半砖、七分头砖，还是减半砖并加七分头砖。如果还出现多于或少于 30mm 以内的情况，可用减小或增加竖缝宽度的方法加以调整，灰缝宽度为 8 ~ 12mm 是允许的。也可以采用同时水平移动各层门窗洞口的位置，使之满足砖模数的方法，但最大水平移动距离还是不得大于 60mm，而且承重窗间墙的长度不应减小。

每一段墙体的排砖块数和竖缝宽度确定后，就可以从转角处或纵、横墙交接处向两边排放砖,排完砖并经检查调整无误后,即可依据摆好的砖样和墙身宽度线,从转角处或纵、横墙交接处依次砌筑第一皮摆底砖。

3. 立皮数杆

皮数杆是指在其上划有每皮砖厚、灰缝厚及门、窗、洞口的下口、窗台、过梁、圈梁、楼板、大梁、预埋件等标高位置的一种木制标杆,它是砌墙过程中控制砌体竖向尺寸和各种构配件设置标高的主要依据。

皮数杆一般设置在墙体操作面的另一侧,立于建筑物的四个大角处,内、外墙交接处,楼梯间及洞口较多的地方,并从两个方向设置斜撑或用锚钉加以固定,以确保垂直和牢固,如图 7-16 所示。皮数杆的间距为 10 ~ 15m,超过此间距时中间应增设皮数杆。支设皮数杆时,要统一进行找平,使皮数杆上的各种构件标高与设计要求一致。每次开始砌砖前,均应检查皮数杆的垂直度和牢固性,以防有误。

4. 盘角

盘角又称立头角,是指墙体正式砌砖前,在墙体的转角处由高级瓦工先砌起,并始终高于周围墙面 4 ~ 6 皮砖,作为整片墙体控制垂直度和标高的依据。盘角的质量直接影响墙体施工质量,因此,必须严格按皮数杆标高控制每一皮墙面高度和灰缝厚度,做到墙角方正、墙面顺直、方位准确、每皮砖的顶面近似水平,并要"三皮一靠,五皮一吊",确保盘角的质量。

5. 挂线

挂线是指以盘角的墙体为依据,在两个盘角中间的墙外侧挂通线。挂线应用尼龙线或棉线绳拴砖坠重拉紧,使线绳水平、无下垂。墙身过长时,在中间除设置皮数杆外,还应砌一块"腰线砖"或再加一个细钢丝揽线棍,用以固定挂通的准线,使之不下垂和内外移动。

盘角处的通线是靠墙角的灰缝卡挂的,为避免通线陷入水平灰缝内,应采用不超过 1mm 厚的小别棍(用小竹片或包装用薄铁皮片)别在盘角处墙面与通线之间。

6. 砌筑

砌筑砖墙通常采用"三一"法或挤浆法,并要求砖外侧的上楞线与准线平行、水平且离准线 1mm,不得冲(顶)线,砖外侧的下楞线与已砌好的下皮砖外侧的上楞线平行并在同一垂直面上,俗称"上跟线、下靠楞";同时,还要做到砖平位正、挤揉适度、灰缝均匀、砂浆饱满。

7. 刮缝、清理

清水墙砌完一段高度后,要及时进行刮缝和清扫墙面,有利于墙面勾缝整洁和干净。刮砖缝可采用 1mm 厚的钢板制作的凸形刮板,刮板突出部分的长度为 10 ~ 12mm,宽度为 8mm。清水外墙面一般采用加浆勾缝,用 1:1.5 的细砂水泥砂浆勾成凹进墙面

4～5mm 的凹缝或平缝；清水内墙面一般采用原浆勾缝，所以，不用刮板刮缝，而是随砌随用钢溜子勾缝。下班前，应将施工操作面的落地灰和杂物清理干净。

三、石砌体施工

1. 毛石砌块施工

砌筑毛石基础的第一皮石块应坐浆，并将石块的大面向下；砌筑料石基础的第一皮子块应用丁砌层坐浆砌筑。毛石砌体的第一皮及转角处、交接处和洞口应用较大的平毛石砌筑。每个楼层（包括基础）砌体的最上一皮宜选用一块较大的毛石砌筑。

毛石基础的扩大部分如做成阶梯形，上级阶梯的石块应至少压砌下级阶梯石块的1/2，相邻阶梯的毛石应相互错缝搭砌。

毛石基础必须设置拉结石，拉结石应均匀分布，且在毛石基础同皮内每隔 2m 左右设置一块。拉结石的长度：如基础宽度小于或等于 400mm，应与基础宽度相等；如基础宽度大于 400mm，可用两块拉结石内外搭接，搭接长度不应小于 150mm，且其中一块拉结石的长度不应小于基础宽度的 2/3。

2. 料石砌块施工

料石基础砌体的第一皮应用丁砌层坐浆砌筑，料石砌体也应上下错缝搭砌，砌体厚度不小于两块料石宽度时，如同皮内全部采用顺砌，每砌两皮后，应砌一皮丁砌层；如同皮内采用丁顺组砌，丁砌石应交错设置，其中距不应大于 2m。

料石砌体灰浆的厚度，要根据石料的种类确定：细石料砌体不宜大于 5mm；半细石料砌体不宜大于 10mm；粗石料和毛石料砌体不宜大于 20mm。料石砌体砌筑时，应放置平稳。砂浆铺设厚度应略高于规定的灰缝厚度，砂浆的饱满度应大于 80%。

料石砌体转角处及交接处也应同时砌筑，必须留设临时间断时，应砌成踏步槎。

用料石和毛石或砖的组合墙中，料石砌体和毛石砌体或砖砌体应同时砌筑，并每隔2 皮或 3 皮料石层用丁砌层与毛石砌体或砖砌体拉结砌合。丁砌料石的长度宜与组合墙厚度相同。

四、小型砌块砌体施工

1. 施工准备

运到现场的小砌块，应分规格分等级堆放，堆垛上应设标记，堆放现场必须摆放平整，并做好排水工作。小砌块的堆放高度不宜超过 1.6m，堆垛之间应保持适当的通道。

基础施工前，应用钢尺校核建筑物的放线尺寸，其允许偏差不应超过规定。

砌筑基础前，应对基坑（或基槽）进行检查，符合要求后，方可开始砌筑基础。

普通混凝土小砌块不宜浇水；当天气干燥炎热时，可在小砌块上喷水将其稍加润湿；轻集料混凝土小砌块可洒水，但不宜过多。

2. 砂浆制备

砂浆的制备通常应符合以下要求：

（1）砌体所用砂浆应按照设计要求的砂浆品种、强度等级来进行配置，砂浆配合比应经试验确定。采用质量比时，其计量精度为：水泥 ±2%，砂、石灰膏控制在 ±5% 以内。

（2）砂浆应采用机械搅拌。搅拌时间：水泥砂浆和水泥混合砂浆不得少于 2min；掺用外加剂的砂浆不得少于 3min；掺用有机塑化剂的砂浆应为 3 ~ 5min。同时，还应具有较好的和易性和保水性。一般而言，稠度以 5 ~ 7cm 为宜。

（3）砂浆应搅拌均匀，随拌随用，水泥砂浆和水泥混合砂浆应分别在 3h 内使用完毕；当施工期间最高气温超过 30℃时，应分别在拌成后 2h 内使用完毕。细石混凝土应在 2h 内用完。

（4）砂浆试块的制作：在每一楼层或 250m³ 砌体中，每种强度等级的砂浆应至少制作一组（每组六块）；当砂浆强度等级或配合比有变更时，也应制作试块。

3. 砌体施工

砌块砌体施工的主要工序是：铺灰→砌块吊装就位→校正→灌缝和镶砖。

（1）龄期不足 28d 及潮湿的小砌块不得进行砌筑。

（2）应在建筑物四角或楼梯间转角处设置皮数杆，皮数杆间距不宜超过 15m。皮数杆上画出小砌块高度和水平灰缝的厚度及砌体中其他构件标高位置。相对两皮数杆之间拉准线，依准线砌筑。

（3）应尽量采用主规格的小砌块，应清除小砌块表面污物，剔除外观质量不合格的小砌块和芯柱用小砌块孔洞底部的毛边。

（4）小砌块应底面朝上反砌。

（5）小砌块应对孔错缝搭砌。当个别情况下无法对孔砌筑时，普通混凝土小砌块的搭接长度不应小于 90mm，轻集料混凝土小砌块的搭接长度不应小于 120mm；当不能保证此规定时，应在水平灰缝中设置钢筋网片或拉结钢筋，钢筋网片或拉结钢筋的长度不应小于 700mm。

（6）小砌块应从转角和纵、横墙交接处开始，内、外墙同时砌筑，纵、横墙交错连接，墙体临时断处应砌成斜槎，斜槎长度不应小于高度的 2/3（一般按一步脚手架高度控制）；如留斜槎有困难，除外墙转角处及抗震设防地区，其墙体临时间断处不应留直槎外，可以从墙面伸出 200mm 砌成阴阳槎，并沿墙高每三皮砌块（600mm）设拉结钢筋或钢筋网片，接槎部位宜延至门窗洞口。

（7）小砌块外墙转角处，应使小砌块隔皮交错搭砌，小砌块端面外露处用水泥砂浆补抹平整。小砌块内、外墙 T 形交接处，应隔皮加砌两块 290mm×190mm×190mm 的辅助小砌块，辅助小砌块位于外墙上，向开口处对齐。

（8）小砌块砌体的灰缝应横平竖直，全部灰缝应填满砂浆；水平灰缝的砂浆饱满度不得低于 90%；竖向灰缝的砂浆饱满度不得低于 80%。砌筑中不得出现瞎缝、透明缝。

（9）小砌块的水平灰缝厚度和竖向灰缝宽度应控制为 8 ~ 12mm。砌筑时，铺灰长度不得超过 800mm，严禁用水冲浆灌缝。

（10）当缺少辅助小砌块时，墙体通缝不应超过两皮砌块。

（11）承重墙体不得采用小砌块与烧结砖等其他块材混合砌筑；严禁使用断裂小砌块或壁肋中有竖向凹形裂缝的小砌块砌筑承重墙体。

（12）对设计规定的洞口、管道、沟槽和预埋件等，应在砌筑时预留或预埋，严禁在砌好的墙体上打凿。在小砌块墙体中不得预留水平沟槽。

（13）小砌块砌体内不宜设脚手眼。必须设置，可用 190mm×190mm×190mm 的小砌块侧砌，利用其孔洞作脚手眼，砌筑完后用强度等级为 C15 的混凝土填实脚手眼。但在墙体下列部位不得设置脚手眼：

1）过梁上部，与过梁成 60° 角的三角形及过梁跨度 1/2 范围内；

2）宽度不大于 800mm 的窗间墙；

3）梁和梁垫下，及其左右各 500mm 的范围内；

4）门窗洞口两侧 200mm 内，和墙体交接处 400mm 的范围内；

5）设计规定不允许设置脚手眼的部位。

（14）施工中需要在砌体中设置的临时施工洞口，其侧边离交接处的墙面不应小于 600mm，并在洞口顶部设过梁，填砌施工洞口的砌筑砂浆强度等级应提高一级。

（15）砌体相邻工作段的高度差不得大于一个楼层高或 4m。

（16）在常温条件下，普通混凝土小砌块日砌筑高度应控制在 1.8m 以内；轻集料混凝土小砌块日砌筑高度应控制在 2.4m 以内。

第五节 混凝土结构工程施工

一、混凝土结构简介

混凝土结构是以混凝土为主制成的结构,包括素混凝土结构、钢筋混凝土结构和预应力混凝土结构等。混凝土结构是我国建筑施工领域应用最广泛的一种结构形式。无论是在资金投入还是在资源消耗方面,混凝土结构工程对工程造价、建设速度的影响都十分明显。

二、混凝土结构工程的种类

混凝土结构工程按施工方法,可分为现浇混凝土结构工程和装配式混凝土结构工程两类。现浇混凝土结构工程是在建筑结构的设计部位架设模板、绑扎钢筋、浇筑混凝土、振捣成型,经养护使混凝土达到设计规定强度后拆模。整个施工过程均在施工现场进行。现浇混凝土结构工程整体性好、抗震能力强、节约钢材,而且无须大型的起重机械,但工期较长,成本较高,易受气候条件的影响。

装配式混凝土结构工程是在预制构件厂或施工现场预先制作好结构构件,在施工现场用起重机械把预制构件安装到设计的位置,在构件之间用电焊、预应力或现浇的手段使其连接成整体。装配式混凝土结构工程具有降低成本、现场拼装、降低劳动强度和缩短工期的优点,不仅耗钢量较大,而且施工时需要大型的起重设备。

三、混凝土结构工程的组成及施工工艺流程

混凝土结构工程由钢筋工程、模板工程和混凝土工程三部分组成。混凝土结构工程施工时,要由模板、钢筋、混凝土等多个工种相互配合进行,因此,施工前要做好充分的准备,施工中合理组织,加强管理,使各工种紧密配合,以加快施工进度。

四、模板工程的基本要求

现浇混凝土结构所用的模板技术已迅速向多样化、体系化方向发展,除木模板外,已形成组合式、工具式和永久式三大系列工业化模板体系。无论采用哪一种模板,模板及其支架都必须满足下列要求:

（1）保证工程结构和构件各部分结构尺寸和相互位置的正确性。

（2）具有足够的承载能力、刚度和稳定性，能可靠地承受新浇筑混凝土的重力和侧压力，以及在施工过程中所产生的其他荷载。

（3）构造简单，装拆方便，能多次周转使用，并便于钢筋的绑扎、安装和混凝土的浇筑、养护等工艺的要求。

（4）模板的接缝不应漏浆。

（5）模板的材料宜选用钢材、木材、胶合板、塑料等，模板的支架材料宜选用钢材等，各种材料的材质应符合相关的规定。

（6）当采用木材时，其树种可根据各地区实际情况选择，材质不宜低于Ⅲ等材。

（7）模板的混凝土接触面应涂隔离剂，不宜采用油质类等影响结构或妨碍装饰工程施工的隔离剂。严禁隔离剂沾污钢筋。

（8）对模板及其支架应定期维修，钢模板及钢支架应防止锈蚀。

（9）在浇筑混凝土前，应对模板工程进行验收。安装模板和浇筑混凝土时，应对模板及其支架进行观察和维护。在发生异常情况时，应按照施工技术方案及时进行处理。

（10）模板及其支架拆除的顺序及安全措施应按照施工技术方案执行。

五、钢筋工程现场安装要求

1. 钢筋的现场绑扎安装

（1）绑扎钢筋时应熟悉施工图纸，核对成品钢筋的级别、直径、形状、尺寸和数量，核对配料表和料牌。如有出入，应予以纠正或增补。同时，准备好绑扎用钢丝、绑扎工具、绑扎架等。

（2）钢筋应绑扎牢固，防止移位。

（3）对形状复杂的结构部位，研究好钢筋穿插就位的顺序及与模板等其他专业配合的先后次序。

（4）基础底板、楼板和墙的钢筋网绑扎，除靠近外围两行钢筋的相交点全部绑扎外，中间部分交叉点可间隔交错扎牢；双向受力的钢筋则需全部扎牢。相邻绑扎点的钢丝扣要呈八字形，以免网片歪斜变形。钢筋绑扎接头的钢筋搭接处，应在中心和两端用钢丝扎牢。

（5）结构采用双排钢筋网时，上、下两排钢筋网之间应设置钢筋撑脚或混凝土支柱（墩），每隔 1m 放置一个，墙壁钢筋网之间应绑扎 φ6 ~ φ10 钢筋制成的撑钩，间距约为 1.0m，相互错开排列；大型基础底板或设备基础，应用 φ16 ~ φ25 钢筋或型钢焊成的支架来支撑上层钢筋，支架间距为 0.8 ~ 1.5m；梁、板纵向受力钢筋采取双层排列时，两排钢筋之间应垫以 ϕ25 以上的短钢筋，以保证间距正确。

（6）梁、柱箍筋应与受力筋垂直设置，箍筋弯钩叠合处应沿受力钢筋的方向张开设置，箍筋转角与受力钢筋的交叉点均应扎牢；箍筋平直部分与纵向交叉点可间隔扎牢，以防止骨架歪斜。

（7）板、次梁与主筋交叉处，板的钢筋在上，次梁的钢筋居中，主梁的钢筋在下；当有圈梁或垫梁时，主梁的钢筋应放在圈梁上。受力筋两端的搁置长度应保持均匀一致。框架梁牛腿及柱帽等钢筋，应放在柱的纵向受力钢筋内侧，同时还要注意梁顶面受力筋之间的净距为 30mm，有利于浇筑混凝土。

（8）预制柱、梁、屋架等构件常采取底模上就地绑扎，此时应先排好箍筋，再穿入受力筋；然后，绑扎牛腿和节点部位的钢筋，以降低绑扎的困难性和复杂性。

2. 绑扎钢筋网与钢筋骨架安装

（1）钢筋网与钢筋骨架的分段（块），应根据结构配筋特点及起重运输能力而定。一般钢筋网的分块面积以 6 ~ 20 ㎡ 为宜，钢筋骨架的分段长度以 6 ~ 12m 为宜。

（2）为了防止钢筋网与钢筋骨架在运输和安装过程中发生歪斜变形，应采取临时加固措施。

（3）钢筋网与钢筋骨架的吊点，应根据其尺寸、质量及刚度而定。宽度大于 1m 的水平钢筋网宜采用四点起吊，跨度小于 6m 的钢筋骨架宜采用两点起吊，跨度大、刚度差的钢筋骨架宜采用横吊梁（铁扁担）四点起吊。为了防止吊点处钢筋受力变形，可采取兜底吊或加短钢筋措施。

（4）焊接网和焊接骨架沿受力钢筋方向的搭接接头，宜位于构件受力较小的部位，如承受均布荷载的简支受弯构件，焊接网受力钢筋接头宜放置在跨度两端各 1/4 跨长范围内。

（5）受力钢筋直径 ≥16mm 时，焊接网沿分布钢筋方向的接头宜辅以附加钢筋网，其每边的搭接长度为 15d（d 为分布钢筋直径），但不能小于 100mm。

3. 焊接钢筋骨架和焊接网安装

（1）焊接钢筋骨架和焊接网的搭接接头，不宜位于构件的最大弯矩处，焊接网在非受力方向的搭接长度宜为 100mm；受拉焊接骨架和焊接网在受力钢筋方向的搭接长度应符合设计规定；受压焊接骨架和焊接网在受力钢筋方向的搭接长度，可取受拉焊接骨架和焊接网在受力钢筋方向的搭接长度的 0.7 倍。

（2）在梁中，焊接骨架的搭接长度内应配置箍筋或短的槽形焊接网。箍筋或网中的横向钢筋间距不得大于 5d。在轴心受压或偏心受压构件中的搭接长度内，箍筋或横向钢筋的间距不得大于 10d。

（3）在构件宽度内有若干焊接网或焊接骨架时，其接头位置应错开。在同一截面内搭接的受力钢筋的总截面面积不得超过受力钢筋总截面面积的 50%；在轴心受拉及小偏心受拉构件（板和墙除外）中，不得采用搭接接头。

（4）焊接网在非受力方向的搭接长度宜为 100mm。当受力钢筋直径 ≥16mm 时，焊接网沿分布钢筋方向的接头宜辅以附加钢筋网，其每边的搭接长度为 15d。

六、混凝土工程施工基本流程

混凝土工程施工包括配料、搅拌、运输、浇筑、振捣和养护等施工过程，其中的任一过程施工不当，都会影响混凝土的质量。混凝土施工不但要保证构件有设计要求的外形，而且还要获得要求的强度、良好的密实性和整体性。

七、预应力混凝土工程施工要求

（一）先张法施工

先张法是在浇筑混凝土前张拉预应力筋，并将张拉的预应力筋临时固定在台座或钢模上，然后再浇筑混凝土的施工方法。待混凝土达到一定强度（一般不低于设计强度等级的 75%），保证预应力筋与混凝土有足够的黏结力时，放张预应力筋，借助混凝土与预应力筋的黏结，使混凝土产生预压应力。

先张法适用于生产小型预应力混凝土构件，其生产方式有台座法和机组流水法。台座法是构件在专门设计的台座上生产，即预应力筋的张拉与固定、混凝土的浇筑与养护及预应力筋的放张等工序均在台座上进行。机组流水法是利用特制的钢模板，构件连同钢模板通过固定的机组，按流水方式完成其生产过程。

先张法的施工设备主要有台座、夹具和张拉设备等。

（二）后张法施工

后张法是先制作混凝土构件（或块体），并在预应力筋的位置预留相应的孔道，待混凝土强度达到设计规定数值后，在孔道内穿入预应力筋（束），用张拉机具进行张拉，并用锚具将预应力筋（束）锚固在构件的两端，张拉力即由锚具传给混凝土构件，使之产生预压应力，张拉锚固后在孔道内灌浆。

第六节　建筑屋面防水工程施工

建筑屋面防水工程按其构造可分为柔性防水屋面、刚性防水屋面、上人屋面、架空隔热屋面、蓄水屋面、种植屋面和金属板材屋面等。屋面防水可多道设防，将卷材、涂膜、细石防水混凝土复合使用,也可将卷材叠层施工。《屋面工程质量验收规范》(GB50207—2012)根据建筑物的性质、重要程度、使用功能要求及防水层耐用年限等,将屋面防水分为四个等级,不同的防水等级有不同的设防要求。屋面工程应根据工程特点、地区自然条件等,按照屋面防水等级设防要求,进行防水构造的设计。

一、卷材防水屋面

卷材防水屋面属于柔性防水屋面,其优点是:质量小,防水性能较好,尤其是防水层,具有良好的柔韧性,能适应一定程度的结构振动和胀缩变形;其缺点是:造价高,特别是沥青卷材易老化、起鼓,耐久性差,施工工序多,工效低,维修工作量大,产生渗漏时修补、找漏困难等。

卷材防水屋面一般由结构层、隔汽层、保温层、找平层、防水层和保护层组成。其中,隔汽层和保温层在一定的气温条件和使用条件下可不设。

二、涂膜防水屋面

涂膜防水屋面是在屋面基层上涂刷防水涂料,再经固化后形成一层有一定厚度和弹性的整体涂膜,从而达到防水目的的一种防水屋面形式。

防水涂料的特点:防水性能好,固化后无接缝;施工操作简便,可适应各种复杂的防水基面;与基面黏结强度高;温度适应性强;施工速度快,易于修补等。

三、刚性防水屋面

刚性防水屋面用细石混凝土、块体材料或补偿收缩混凝土等材料作屋面防水层,依靠混凝土密实并采取一定的构造措施,以达到防水的目的。

刚性防水屋面所用材料虽然容易取得、价格低廉、耐久性好、维修方便,但是对地基不均匀沉降、温度变化、结构振动等因素都是非常敏感,容易产生变形开裂,且防水层与大气直接接触,表面容易发生碳化和风化,如果处理不当,极易发生渗漏水现象,所以,刚性防水屋面适用于Ⅰ~Ⅲ级的屋面防水,不适用于设有松散材料保温层及受较大振动或冲击的和坡度大于15%的建筑屋面。

第七节　装饰工程施工

一、抹灰工程

1.抹灰工程的分类

抹灰工程按使用的材料及其装饰效果，可分为一般抹灰和装饰抹灰。

（1）一般抹灰。一般抹灰是指采用石灰砂浆、水泥混合砂浆、水泥砂浆、聚合物水泥砂浆、麻刀灰、纸筋石灰和石膏灰等抹灰材料进行的抹灰工程施工。按建筑物标准和质量来要求，一般抹灰可分为以下两类：

1)高级抹灰。高级抹灰由一层底层、数层中层和一层面层组成。抹灰要求阴阳角找方，设置标筋，分层赶平、修整。表面压光，要求表面光滑、洁净，颜色均匀，线角平直，清晰美观，无抹纹。高级抹灰用于大型公共建筑物、有纪念性建筑物和有特殊要求的高级建筑物等。

2)普通抹灰。普通抹灰由一层底层、一层中层和一层面层（或一层底层和一层面层）组成。抹灰要求阳角找方，设置标筋，分层赶平、修整。表面压光，要求表面洁净，线角顺直、清晰，接槎平整。普通抹灰用于一般居住、公用和工业建筑及建筑物中的附属用房，如汽车库、仓库、锅炉房、地下室、储藏室等。

（2）装饰抹灰。装饰抹灰是指通过操作工艺及选用材料等方面的改进，使抹灰更富于装饰效果，其主要有水刷石、斩假石、干粘石和假面砖等。

2.抹灰层的组成

为了使抹灰层与基层黏结牢固，防止起鼓开裂，并使抹灰层的表面平整，保证工程的质量，抹灰层应分层涂抹。抹灰层的组成如图7-29所示。

（1）底层。底层主要起与基层黏结的作用，厚度一般为5～9mm。

（2）中层。中层起找平作用，砂浆的种类基本与底层相同，只是稠度较小，每层厚度应控制为5～9mm。

（3）面层。面层主要起到装饰作用，要求面层表面平整、无裂痕、颜色均匀。

3.抹灰层的总厚度

抹灰层的平均总厚度要根据具体部位及基层材料而定。钢筋混凝土顶棚抹灰厚度不大于15mm；内墙普通抹灰厚度不大于20mm，高级抹灰厚度不大于25mm；外墙抹灰厚度不大于20mm；勒脚及凸出墙面部分不大于25mm。

二、饰面工程

饰面工程是在墙、柱表面镶贴或安装具有保护和装饰功能的块料而形成的饰面层。块料的种类可分为饰面板和饰面砖两大类。

1. 饰面板安装

饰面板工程是将天然石材、人造石材、金属饰面板等安装到基层上，以形成装饰面的一种施工方法。建筑装饰用的天然石材主要有大理石和花岗石两大类，人造石材一般有人造大理石（花岗石）和预制水磨石饰面板。金属饰面板主要有铝合金板、塑铝板、彩色涂层钢板、彩色不锈钢板、镜面不锈钢面板等。

2. 饰面砖镶贴

饰面砖有釉面瓷砖、外墙面砖、陶瓷锦砖等。饰面砖在镶贴前应根据设计对釉面砖和外墙面砖要进行选择，要求挑选规格一致、形状平整方正、不缺棱掉角、不开裂和脱釉、无凹凸扭曲、颜色均匀的面砖及各配件。按标准尺寸来检查饰面砖，分出符合标准尺寸和大于或小于标准尺寸三种规格的饰面砖，同一类尺寸应用于同一层或同一墙面上，以做到接缝均匀一致。陶瓷锦砖应根据设计要求选择好色彩和图案，统一编号，便于镶贴时按编号施工。

三、楼地面工程

楼地面工程是人们工作和生活中接触最频繁的一个分部工程，其反映了楼地面工程档次和质量水平，具有地面的承载能力、耐磨性、耐腐蚀性、抗渗漏能力、隔声性能、弹性、光洁程度、平整度等指标，以及色泽、图案等艺术效果。

1. 楼地面的组成

楼地面是房屋建筑底层地坪与楼层地坪的总称，由面层、垫层和基层等部分构成。

2. 楼地面的分类

（1）按面层材料划分，楼地面可分为土、灰土、三合土、菱苦土、水泥砂浆混凝土、水磨石、陶瓷马赛克、木、砖和塑料地面等。

（2）按面层结构划分，楼地面可分为整体面层（如灰土、菱苦土、三合土、水泥砂浆、混凝土、现浇水磨石、沥青砂浆和沥青混凝土等）、块料面层（如缸砖、塑料地板、拼花木地板、陶瓷马赛克、水泥花砖、预制水磨石块、大理石板材、花岗石板材等）和涂布地面等。

四、涂饰工程

涂饰敷于建筑物表面并与基体材料很好地黏结，干结成膜后，既对建筑物表面起到一定的保护作用，又具有了建筑装饰的效果。

1. 涂料质量要求

（1）涂饰工程所用的涂料和半成品（包括施涂现场配制的），均应有品名、种类、颜色、制作时间、储存有效期、使用说明和产品合格证书、性能检测报告及进场验收记录。

（2）内墙涂料要求耐碱性、耐水性、耐粉化性良好，以及有一定的透气性。

（3）外墙涂料要求耐水性、耐污染性和耐候性良好。

2. 腻子质量要求

涂饰工程使用的腻子的塑性和易涂性应满足施工要求，干燥后应坚固，无粉化、起皮和开裂，并按基层、底涂料和面涂料的性能配套使用。另外，处于潮湿环境的腻子应具有耐水性。

3. 涂饰工程施工方法

（1）刷涂。刷涂宜采用细料状或云母片状涂料。刷涂时，用刷子蘸上涂料直接涂刷于被涂饰基层表面，其涂刷方向和行程长短应一致。涂刷层次一般不能少于两度。在前一度涂层表面干燥后再进行后一度涂刷。两度涂刷间隔时间与施工现场的温度、湿度有关，一般不少于 2 ～ 4h。

（2）喷涂。喷涂宜采用含粗填料或云母片的涂料。喷涂是借助喷涂机具将涂料呈雾状或粒状喷出，分散沉积在物体的表面上。喷射距离一般为 40 ～ 60cm，施工压力为 0.4 ～ 0.8MPa。喷枪运行中喷嘴中心线必须与墙面垂直，喷枪与墙面平行移动，运行速度保持一致。室内喷涂一般先喷顶后喷墙，两遍成活，间隔时间约为 2h；外墙喷涂一般为两遍，较好的饰面为三遍。

（3）滚涂。滚涂宜采用细料状或云母片状涂料。滚涂是利用涂料辊子蘸匀适量涂料，在待涂物体表面施加轻微压力上下垂直来回滚动，避免歪扭呈蛇形，以保证涂层的厚度、色泽、质感保持一致。

（4）弹涂。弹涂宜采用细料状或云母片状涂料。先在基层刷涂 1 道或 2 道底色涂层，待其干燥后再进行弹涂。弹涂时，弹涂器的出口应垂直对正墙面，距离为 300 ～ 500mm，按一定速度自上而下、自左至右地弹涂。注意弹点密度均匀适当，上下左右接头不明显。

第五章 建筑给排水工程概述

第一节 建筑给排水工程概念

一、概念

建筑给排水工程是工科学科中的一种，简称给排水。给排水工程一般指的是城市用水供给系统、排水系统（市政给排水和建筑给排水），简称给排水。给水排水工程研究的是水的一个循环问题。

"给水"：一所现代化的自来水厂，每天从江河湖泊中抽取自然水后，利用一系列物理和化学手段将水净化为符合生产、生活用水标准的自来水，然后通过四通八达的城市水网将自来水输送到千家万户。

"排水"：一所先进的污水处理厂，把我们生产、生活使用过的污水以及废水集中处理，然后干干净净地被排放到江河湖泊中去。

这个取水、处理、输送、再处理，然后排放的过程就是给水排水工程研究的主要内容。

二、专业设立背景

人类最早应用修建的应该是排水设施而不是给水设施，迄今为止我们知道的最早的排水设施是位于河南的龙山时代遗址，是都邑城址南门土路下面的三根陶排水管，管道层层相套，且有一定的坡度，雨污水在城内收集后排出城外；而最早的供水管网（2014年）发现于东周时期，在阳城，位于现在的河南登封市告城镇附近，阳城地势比较高，取水比较困难。东周时期的人们就从更远地方的水源地用陶管输送到城外的清水池，然后再通过陶管输送到城内供人们使用。中华人民共和国成立之后，我国各项土建建设日益增多，单纯引进学习苏联的给排水技术已不能满足国内生产发展的需要，房屋卫生技术设备专业就应运而生。

三、专业设立过程

第一个阶段是萌芽期，从1900年说起，当时还是大清王朝的晚期，这一年的8月份八国联军侵略中国，造成一场浩劫，在一定程度上也造就了文化的融合与入侵，联军带来了国外的一些给排水理念，他们按照西方的模式建立了一些领事馆和建筑，当然也包括室内的卫生设备，而在当时国外的给排水技术已比较完善与先进，像德国在1910年左右已经修建了将近70个污水处理厂。随着新民主主义运动的兴起，中国的一部分人也开始觉醒。在民国时期，国内给排水发展几乎是零，这个时期有一大批有志之士远赴海外留学，学习国外的先进给排水知识，在抗日战争开始之前，中国已有给排水部分基础学科体系。在日本投降之后，个别地方恢复国民经济的建设，进行城市配套管网的规划设计与研究，学习国外，部分上流社会的人们家中均有完善的室内建筑给排水设施，但并没有成型的给排水学科专业。

第二个阶段是起步期。从中华人民共和国成立一直到"文化大革命开始"的前期，这个时期的特点是我国最早出现了给排水专业，当时称为房屋卫生技术设备，主要还是学习苏联，模仿他们的起步同时也在培养自己的建筑给排水队伍，引进设计秒流量的概念，编制了中国第一本规范，图纸，手册等。这个时期国人已有建筑给排水的概念，人们开始注重生活品质，国家开始重视科学发展，填补了我国建筑给水排水专业设计无规范、教学无教材的空白，为确立我国建筑给水排水专业体系迈出了坚实的一步，这一时期也出现了现在泰斗级的老前辈。

第三个阶段是停滞期，就是"文化大革命"时期，国内的建筑给排水没有什么大的发展，苏联人援建的一些项目问题频发，室内热水系统制热较差，学苏联那套"双立管"排水系统也比较容易堵塞，这段时间一部分专家学者对屋面雨水，立管排水能力，医院排污排废进行「系统的探索，但还停留在国外那套，研究课题没有实质性的进展，这与当时的政治大气候有关系，这种状况一直持续到改革开放之前。

第四个阶段是积累发展期。从改革开放之初一直到20世纪90年代，这时我们的给排水技术经过数十年的积累已经取得长足的发展，成立了建筑给排水委员会，加强了与国外的交流，像柔性铸铁管和气压给水设备不断出现，基本满足了这一时间高层建筑给排水的需求，建筑给水排水这几个字眼也进入人们的视野，这门课也进入了工科院校，经过几代从事给排水技术工程人员的摸索，学习和总结，适合我国国情的建筑给排水体系建立起来并且准备着更大的发展，建筑给排水进入繁荣时期，

第五个阶段，笔者称之为跳跃期。就是20世纪90年代初至2008年，建筑给排水技术的研究和发展呈现了跳跃式蓬勃发展。20世纪90年代以来，人民的生活水平极提高，对生活品质，环境卫生，饮水用水有着越来越大的需要。从全民推崇节水用水到贯彻科

学发展观，中国从事建筑给排水的知识分子迎来了黄金时代。这一时期推出了新的饮用水标准，太阳能，绿色能源，节水设施，节水洁具，以及新型管材大量涌现，编制了新中国成立以后最多的行业标准和规范。给排水专业学科的设立院校逐渐增多。

第六个阶段，专业更名。2008年，经教育部批准，我国开设给水排水工程专业的院校专业名字均更改为给排水科学与工程。

第二节　建筑给排水工程主要内容

建筑给排水工程主要介绍室内给水、排水和热水供应工程的设计原理及方法，同时还要介绍一些施工及管理方面的基本知识和技术。这是一门专业技术课程，是给排水专业的必修课。

一、给水工程

给水工程为居民和厂、矿、运输企业供应生活、生产用水工程以及消防用水、道路绿化用水等。由给水水源、取水构筑物、原水管道、给水处理厂和给水管网组成，具有取集和输送原水、改善水质的作用。给水水源有地表水、地F水和再用水。取水构筑物有地表水取水构筑物和地下水取水构筑物。

（一）建筑内部给水系统的分类

建筑内部给水系统的任务是将城镇给水管网或自备水源给水管网的水引入室内，选用适用、经济、合理的最佳供水方式，经配水管送至室内各种卫生器具、用水嘴、生产装置和消防设备，并满足用水点对水量、水压和水质的要求。建筑给水排水系统是一个冷水供应系统，按用途基本上可分为三类：

1. 生活给水系统

供民用、公共建筑和工业企业建筑内的饮用、烹调、盥洗、洗涤、沐浴等生活上的用水，要求水质必须严格符合国家规定的饮用水质标准。

2. 生产给水系统

因各种生产的工艺不同，生产给水系统种类繁多，主要用于生产设备的冷却、原料洗涤和锅炉用水等。生产用水对水质、水量、水压以及安全方面的要求由于工艺不同，差异也很大。

3. 消防给水系统

供层数较多的民用建筑、大型公共建筑及某些生产车间的消防设备用水对水质要求不高但必须按建筑防火规范保证有足够的水量与水压。

根据具体情况，有时将上述三类基本给水系统或其中两类基本系统合并：生活一生产一消防给水系统，生活一消防给水系统，生产一消防给水系统。

根据不同需要，有时将上述三类基本给水系统再划分，例如：

生产给水系统分为直流给水系统、循环给水系统、复用水给水系统、软化水给水系统和纯水给水系统；

生活给水系统分为饮用水系统和杂用水系统；

消防给水系统分为消火栓给水系统、自动喷水灭火给水系统。

（二）建筑内部给水系统的组成建筑内部给水系统由下列各部分组成

1. 引入管

对一幢单独建筑物而言，引入管是室外给水管网与室内管网之间的联络管段，也称进户管。对于一个工厂、一个建筑群体、一个学校区，引入管系指总进水管。

2. 水表节点

水表节点是指引入管上装设的水表及其前后设置的闸门和泄水装置等总称。闸门用以关闭管网，以便修理和拆换水表；泄水装置为检修时放空管网、检测水表精度及测定进户点压力值。水表节点形式多样，选择时应按用户用水要求及所选择的水表型号等因素决定。

分户水表设在分户支管上，只可在表前设阀以便局部关断水流。为了保证水表计量准确，在翼轮式水表与闸门间应有 8~10 倍水表直径的直线段，其他水表约为 300mm，以使水表前水流平稳。

3. 管道系统

管道系统是指建筑内部给水水平或垂直干管、立管和支管等。

4. 给水附件

给水附件指管路上的闸阀等各式阀类及各式配水龙头、仪表等。

5. 升压和储水设备

在室外给水管网压力不足或建筑内部对安全供水、水压稳定有要求时，需设置各种附属设备，如水箱、水泵、气压装置、水池等升压和储水设备。

6. 室内消防

按照建筑物的防火要求及规定需要设置消防给水时，一般应设消火栓消防设备。有特殊要求时，应另专门装设自动喷水灭火或水幕灭火设备等。

二、排水工程

排水工程是指排除人类生活污水和生产中的各种废水、多余的地面水的工程。由排水管系（或沟道）、废水处理厂和最终处理的设施组成，通常还包括抽升设施（如排水泵站）。

排水管系是指收集和输送废水（污水）的管网，有合流管系和分流管系。废水处理厂包括：沉淀池、沉沙池、曝气池、生物滤池、澄清池等设施及泵站、化验室、污泥脱水机房、修理工厂等建筑，废水处理的一般目标是去除悬浮物和改善耗氧性，有时还进行消毒和进一步处理。最终处理设施，视不同的排水对象设有水泵或其他提水机械，将经过处理厂处理满足规定排放要求的废水排入水体或排放在土地上。

（一）建筑内部排水系统的分类

建筑内部排水系统根据接纳污、废水的性质，可分为三类：

1. 生活排水系统

其任务是将建筑内生活废水（即人们日常生活中的污水等）和生活污水（主要指粪便污水）排至室外。我国目前建筑排污分流设计中是将生活污水单独排入化粪池而生活废水直接排入市政下水道。

2. 工业废水排水系统

用来排除工业生产过程中的生产废水和生产污水。生产废水污染程度较轻，如循环冷却水等。生产污水的污染程度较重，一般需要经过处理后才能排放。

3. 建筑内部雨水管道

用来排除屋面的雨水，一般是用于大屋面的厂房及一些高层建筑雨雪水的排除。

若生活污废水、工业废水及雨水分别设置管道排出室外称建筑分流制排水，若将其中两类以上的污水、废水合流排出则称为建筑合流制排水。建筑排水系统是选择分流制排水系统还是合流制排水系统，应综合考虑污水污染性质、污染程度、室外排水体制是否有利于水质综合利用及处理等因素来确定。

（二）建筑内部排水系统的组成

一般建筑物内部排水系统由下列部分组成：

1. 卫生器具或生产设备受水器。

2. 排水管系

由器具排水管连接卫生器具和横支管之间的一段短管，除了坐式大便器外，其间含存水弯，有一定坡度的横支管和立管；埋设在地下的总干管和排到室外的排水管等组成。

3. 通气管系

有伸顶通气立管，专用通气内立管及环形通气管等几种类型。其主要作用是让排水管与大气相通，稳定管系中的气压波动，使水流畅通。

4. 清通设备

一般有检查口和清扫口，检查井以及带有清通门的弯头或三通等设备，作为疏通排水管道之用。

5. 抽升设备

民用建筑中的地下室、人防建筑物、高层建筑的有问题技术层、某些工业企业车间或半地下室、地下铁道等地下建筑物内的污、废水不能自流排至室外时必须设置污水抽升设备。如水泵、气压扬液器和喷射器将这些污废水抽升排放保持室内良好的卫生环境。

6. 室外排水管道

自排水管接出的第一检查井后至城市下水道或工业企业排水主干管间的排水管段为室外排水管道，其任务是将建筑内部的污水、废水排送到市政或厂区管道中。

7. 污水局部处理构筑物

当建筑内部污水未经处理不允许直接排入城市下水道或水体时，在建筑物内或附近应设置局部处理构筑物予以处理。我国目前多采用在民用建筑和生活间的工业建筑附近设化粪池、使生活粪便污水经化粪池处理后排入城市下水道或水体。污水中较重的杂质如粪便、纸屑等在池中数小时后沉淀形成池底污泥，三个月后污泥经厌氧分解、酸性发酵等过程后脱水熟化便可清理出来。

另外，高层民用建筑及大型工业厂房屋面雨水内排水，也是建筑排水工程的重要任务之一。总而言之，室内给排水工程的任务就是为用户提供了方便、舒适、卫生、安全的生产和生活环境。

第三节　建筑给排水工程特点

一、室内给排水工程和室外给排水工程及其他专业的关系

（一）室外给排水工程的关系

建筑给排水是给排水中不可缺少又独具特色的组成部分，与城市给排水、工业给排水并列组成完整的给排水体系。

"建筑给排水工程"是给排水专业的一门技术课程，它与室外给排水工程相配合并

形成一套完整的给排水体系。建筑给排水工程是室外给水工程的终点也是室外排水工程的起点。室外给排水工程是为室内给排水工程服务的，是为其存在而设置的。室内外给排水工程相互关联且相互影响。建筑物其功能本身对室外给水工程提出了相应的水量和水压要求，而室外给水工程的现状，势必会影响室内给水排水系统的选择和布置。需要与供给本身就是一对矛盾体，给排水工程技术人员就是要利用自己所学到的知识，掌握的技术解决这一矛盾，从而经济、合理地满足人们生产、生活用水的要求。

（二）与其他专业的关系

建筑给排水工程是建筑物的有机组成部分。它和建筑学、建筑结构、建筑采暖与通风、建筑电气、燃气共同构成可供使用的建筑物整体，满足人们舒适的 Tl 生条件，促进生产的正常运行和保障人们生命财产的安全方面，建筑给排水起着重要的作用。建筑给排水的完善程度是建筑物标准等级的重要标志之一。

一个现代化的工业与民用建筑，是由建筑、结构、水、暖、电、通讯等有关工程所构成的综合体，建筑给排水工程为其中的一部分，是一个必不可少的专业。在设计中应考虑与其他专业相互协调且配合。各专业在确定各自的设计方案后，向有关专业提出相应的技术要求。如水专业，向建筑专业提出设备用房要求（设备间、水箱间）有平面面积、高度上的要求；向电气专业提出动力配电要求。即后动消防泵的要求，自动灭火装置的自动报警要求；对暖专业提出采暖通风的要求，有热水供应的要提出热媒用量（高温水、蒸汽）向结构专业提出基础漏洞，设备荷载，各种设备支吊架，预埋件的要求。各专业也向水专业提出了有关要求，给水排水要求，如设置空调系统，需要循环水进行冷却，循环水的补充水量，水压及排水。一幢建筑只有各专业都充分发挥其功能，紧密配合，且协调一致，才能最大限度地发挥该建筑的使用功能，如消火栓的布置。

要做到紧密配合，协调一致，这要求工程技术人员不仅要熟悉本专业设计原则，同时还要熟悉其他专业的、一般性的设计原则。在相互配合中做到本专业设计合理又能为其他专业提供便利（如选泵），避免设计中出现不尽合理的问题 - 如 TI 生间、化验室设在变电所、厨房、冷库楼上，给排水管道设置带来困难。

二、建筑给排水的发展

20 世纪五六十年代，我国城市的三、四层建筑居多且室内卫生设备不完善，有上水无下水，自来水普及率低。建筑给排水工作仅限于室内的上、下水管道。20 世纪 60 年代至 80 年代，通过对许多工程实践的总结，对以往机械搬用国外的经验并造成某些失误进行总结并在总结的基础上，在建筑给排水范畴内开始形成并确立我国独立的技术体系，1986 年建筑给排水规范通过国家级审定。

近年来，随着国民经济的发展，室内卫生设备的完善与普及使得建筑给排水技术水平得到相应的发展。特别是从 20 世纪 80 年代起，我国高层建筑在许多大中城市如雨后春笋般拔地而起，目前 10~30 层建筑为数甚多，30~50 层建筑不胜枚举，同时旅游业的发展也促进了大型豪华宾馆的兴建。这一切都对建筑给排水提出了更高的要求并促进其发展。建筑内给排水不再单单是上、下水管道还要有热水供应，不但要设消火栓灭火系统而且要设自动喷洒系统；人们不仅要有一个优美、舒适的生活环境，吃得好，住得好还要娱乐健身，相应的室内游泳室、桑拿浴、冲浪浴在一些楼堂馆所建成。

建筑业的兴旺与发展，对建筑给排水提出一系列亟待解决的问题，如给水系统的自动控制、节约用水节能的研究、噪声及水锤的防止、高层建筑消防问题、污水立管通水及通风问题和雨水系统的计算问题等等。

要解决研究的问题不少，因此要创造更加完善的建筑给排水工程技术体系，是每个从事给排水工程技术人员的责任和义务，这责任，责无旁贷；这义务，义不容辞。

第四节　绿色建筑给排水技术

面对如今的危机人们开始逐渐认识到节能减排与环境保护的重要性与紧迫性建筑行业作为对自然生态环境有着十分重要的影响力。必须坚持走可持续发展道路，正是如此绿色建筑的概念在此背景下应运而生。建筑在使用中给排水系统的消耗很大，因此，本节以绿色建筑为视角，对绿色建筑给排水技术的应用展开探讨。

一、关于绿色建筑的概述

随着现代科技文化的进步与发展，人类已经具备了改变自然环境的能力，利用这些能力来改善人类的生活环境与生活方式。但是在享受着舒适生活环境的时候，人类并没有及时考虑某些行为所带来的负面影响或者是代价，结果是被迫接受着日趋严重的环境污染和地球生态危机。所以我们在享受改变的同时也承受着其所带来的灾厄。人与自然环境之间应该以一种怎样的关系相处呢？自然是人类随意挥霍的财产吗？重新考虑如何看待与对待自然是 21 世纪人类文明最重要的研究方向。近些年来，能源过度开发，地貌植物过度的毁坏，资源的浪费与不合适的处理方式等问题都致使现在环境的恶化。绿色建筑，在建筑建设的全生命周期内，需要做到最大限度地节约能量、土地、水资源、原材料等的消耗，避免造成过度的环境污染，保护生态环境不受过度破坏，借此为人们提供一个具有环保、高效、舒适且健康的居住空间。而绿色建筑之中的"绿色"并非是字面之上的绿化，代表着是一种全新的概念，是指建筑不会对环境造成危害，在充分利用自然环境资源的同时并不会破坏环境的生态平衡，这种条件下建造的一种建筑，便是具有全新意义的绿色建筑。

二、绿色建筑应满足如下要求

①合理使用资源，改良工艺设计的同时，新技术、新材料随之改变，转变传统的消费方式，优化资源综合配置、提高能源、材料利用效率，杜绝浪费和破坏，展现人与自然和谐共处的理念。②污染物的排放处理是对自然造成破坏的主要祸首，所以减少废气、废水、废物的排放能有效降低其对生态的伤害。③坚持以人为本的理念，营造出一个健康、舒适无毒无害的空间。在建筑建设过程中，要强调节约降耗避免浪费与污染同时也不能牺牲人的健康与舒适度。设计建设中就应该以人为本化理念为基础，努力营造一个环境优美、舒适、安全的环境，满足人们生理需求的同时还应满足其精神需求。建筑是为人类生活而存在。④质量、性能、功能、目的的四位一体，缺一不可。⑤努力实现环保、经济与性能的统一。

三、绿色建筑给排水技术应用

（一）中水回用技术

"中水"一词是相对于上水〔给水〕、下水〔排水〕而言出现的，是指低于饮用水标注的用于生活、市政、环境等范围杂用的非饮用水。而中水回用技术就是将小区居民生活废（污）水经过集中的处理、消毒和净化后，达到一定标准后用于浇灌植物、清洗车辆道路、马桶冲洗等等各个方面，从而达到节约用水和资源运用最大化的目的，而在绿色建筑中应用中水回用技术，在用户用水需求得到满足的同时，有效减少从自然中消耗的水量同时也减少废水与废物的排放，对于保护水资源环境大有裨益。除此之外，中水回用技术还可以减少所排放的污水中的所携带氮、磷的含量，不仅不再对地质环境产生影响同时也降低了其对区域水环境的污染。在选择中水回用技术工艺时，由于投资的问题，会使很多人忽视由此所带来的结果。因此，绿色建筑中采用中水处理技术是十分有必要的，以此来保证水资源的保护与合理使用。

在选择中水回用工艺流程组合时，必须满足如下条件：①务必要求安全、高效、适用，水质达标，标注的回用水才可安心使用。②经济、合理，节约投资，减少运行费用及占地面积。③中水的处理过程中尽可能地减少噪音的产生、不良气味的散发及其他因素造成的影响。④选择具有实用化与实践性的工艺技术。处理中水的工艺主要包括以下三种方式：物理化学过滤、微生物吸附和膜过滤的方法。其中物理化学过滤法是使用气浮结合过滤技术的方式处理中水，微生物过滤法是借助于一些好氧微生物的某些特性进行氧化吸附，将废水中有机物进行降解以达到废水处理的1≡1的，膜处理法是借助多种不同滤膜对废水进行过滤以消除杂质，考虑以上方式、结合建设成本、后期运行等各类情况，选择不同的且适合自身的处理工艺。

（二）雨水利用技术

除了生活废水、工业废水之外，自然中的雨水是一种污染相对较轻的资源，雨水具有有机物量少、硬度小和溶解氧接近饱和等特点，它仅仅需要经过一些人为的简单处理即可用于生活、工业中，相对于废水的回收再利用而言，雨水的水质更为不仅可靠而且更为经济：因此，在建筑中设置一些雨水收集系统便是一种可行的节约方式。若是建筑群，可用集中式的雨水收集处理系统，雨水墙体渗透系统和绿色屋顶雨水处理系统；雨水综合处理利用系统等几类处理系统。而在具体应用过程中，必须根据建筑的特点加以量身定制。

在绿色建筑设计环节时，就应该采用节水式的景观设计方法，不仅要满足水景规划的总体合理、外形美观等要求，而且还应满足大主题节水、节能等要求。建设节水式的池水、流水、跌水、喷水、涌水设施时也应该考虑雨水的流向与收集问题，考虑季节性降水量和排水问题。对于景观用水而言还必须进行有效地水循环设计。结合水系统、雨水收集处理系统和建筑物本身等实际情况来节约用水量，保持水质的干净与清洁。就比如一些现代化小区内的水景，就模仿了生物圈，在水生植物下有小鱼、青蛙等生物。有效地保护水生动植物、防止藻类过量繁殖导致动植物死亡，应采取有效地水循环处理或者人工处理，将水中过度繁衍的有机物除去，确保水质成为一个合理的水循环。

此外，我们在设计的时候也可以设计透水式地面，使地面具有透水力，有利于雨水的收集。这样一来雨水不仅仅可以补充地下水，保护原有的大自然生态系统还可以美化建筑物内小生态系统。对于雨水井的截污、弃流等问题，当雨水进入蓄水设施以后再在雨水处理中心进行消毒处理，后再排入加工处理过的清水流人池中，然后再经过上层的经水泵送至绿化、洗车、洒水等非饮用水处进行雨水的使用。

（三）室内节水技术的探索与追寻

最近几年，人们的生活用水量在总体的总供水量中所占比重连连攀升，配水设施、人员维护及卫生保护装置成为用水的终端使用单元，它的节水性能的好坏会直接影响绿色建筑物的整体节水的节能工作，有的甚至会直接影响到植物的生长。所以，我们应该大力推动节水器具的大范围使用，以便于通过从源头节能节水的方式实现绿色建筑节水与节能目的。根据调查显示：建筑卫生器具的用水量远远大于建筑室内的总用水量。为此，国家制定了一系列规定，大力推动节水器具及设备的使用，可有效提高用水量及用水效率，达到节能节水的目的。

现如今节水器具和设备的使用，除了可以用在小区和写字楼等类建筑中还可以用于其他对防水要求高的建筑类中。比如对于冲厕、洗浴为日常的公共性建筑来说，也可以使用节水器具与设备，、日常节水器具在使用的过程中，应尽量避免出现跑、冒、滴、漏等一系列防水问题、满足其使用性能与持久性。然后通过合理的设计方案处理或者减少无用的耗水和过多的用水量以便于提高节水节能的效果。现如今市面上的节水型器具，像水便器、水龙头、淋浴器、洗衣机等设施，都应该向节能节水的方向发展，这是个社会环保的大环境。此外，还应积极研究新的方案，设计出更多的、科学的供水分区，降低节水器具在使用过程中的超压流失，为实现节水节能的目的提供有保障的前提。

这几年绿色建筑理念随着社会的环保意识增加日趋深入人心。给排水技术的发展是绿色建筑建设中的重要组成，它也直接影响到绿色建筑的节水、节能效果。所以我们必须给予绿色建筑百分之百的重视，这样我国绿色建筑方向才会有大发展和大突破。而现如今，我国绿色建筑及研究仍处于初步阶段，因而绿色建筑给排水技术相对于国外而言还有更大的提升空间。

第六章　建筑给水系统

第一节　给水系统的分类与组成

建筑给水系统是将城镇给水管网（或自备水源给水管网）中的水引入一幢建筑或一个建筑群体，供人们生活、生产和消防之用，并满足各类用水对水质、水量和水压要求的冷水供应系统。

一、给水系统的分类

给水系统按照其用途可分为下面三类基本给水系统。

1. 生活给水系统

供人们在不同场合的饮用、烹饪、盥洗、洗涤、沐浴等日常生活用水的给水系统。其水质必须符合国家规定的生活饮用水卫生标准。

2. 生产给水系统

供给各类产品生产过程中所需的用水、生产设备的冷却、原料和产品的洗涤及锅炉用水等的给水系统。生产用水对水质、水量、水压及安全性会随工艺要求的不同，而会有较大的差异。

3. 消防给水系统

供给各类消防设备扑灭火灾用水的给水系统。消防用水对水质的要求不高，但必须要按照建筑设计防火规范保证供应足够的水量和水压。

上述三类基本给水系统可以独立设置，也可根据各类用水对水质、水量、水压、水温的不同要求，结合室外给水系统的实际情况，经技术经济比较，或兼顾社会、经济、技术、环境等因素的综合考虑，设置成组合各异的共用系统。如生活、生产共用给水系统，生活、消防共用给水系统，生产、消防共用给水系统，生活、生产、消防共用给水系统。还可按供水用途的不同、系统功能的不同，设置成饮用水给水系统、杂用水（中水）给水系统、消火栓给水系统、自动喷水灭火给水系统、水幕消防给水系统，以及循环或重复使用的生产给水系统等。

二、给水系统的组成

一般情况下，建筑给水系统由下列各部分组成。

1. 水源

水源指城镇给水管网、室外给水管网或自备水源。

2. 引入管

对于一幢单体建筑而言，引入管是由室外给水管网引入到建筑内管网的管段。

3. 水表节点

水表节点是安装在引入管上的水表及其前后设置的阀门（新建建筑应在水表前设置管道讨滤器）和泄水装置的总称。

此处水表用以计量该幢建筑的总用水量。水表前后的阀门用于水表检修、拆换时关闭管路之用。泄水口主要用于室内管道系统检修时放空之用，也可用来检测水表精度和测定管道进户时的水压值。设置管道过滤器的目的是保证水表正常工作及其量测精度。

水表节点一般设在水表井中，温暖地区的水表井一般设在室外，寒冷地区的水表井宜设在不会冻结之处。

在非住宅建筑内部给水系统中，需计量水量的某些部位和设备的配水管上也要安装上水表。住宅建筑每户住家均应安装分户水表（水表前也宜设置管道过滤器）。分户水表以前大都设在每户住家之内。现在的分户水表宜相对集中设在户外容易读取数据处。对仍需设在户内的水表，宜采用远传水表或 IC 卡水表等智能化水表。

4. 给水管网

给水管网指的是建筑内水平干管、立管和横支管。

5. 配水装置与附件

配水装置与附件包括配水水嘴、消火栓、喷头与各类阀门（控制阀、减压阀、止回阀等）。

6. 增（减）压和贮水设备

当室外给水管网的水量、水压不能满足建筑用水要求，或建筑内对供水可靠性、水压稳定性有较高要求时，以及在高层建筑中需要设置各种设备，如水泵、气压给水装置、变频调速给水装置、水池、水箱等增压和贮水设备。当某些部位水压太高时，需设置减压设备。

7. 给水局部处理设施

当有些建筑对给水水质要求很高、超出我国现行生活饮用水卫生标准时或其他原因造成水质不能满足要求时，就需要设置一些设备、构筑物进行给水深度处理。

第二节　给水方式

给水方式是指建筑内给水系统的具体组成与具体布置的实施方案（同时，根据管网中水平干管的位置不同，又分为下行上给式、上行下给式、中分式以及枝状和环状等形式）。现将给水方式的基本类型介绍如下。

一、利用外网水压直接给水方式

1. 室外管网直接给水方式

当室外给水管网提供的水量、水压在任何时候均能满足建筑用水时，直接把室外管网的水引入建筑内各用水点的给水方式，称为直接给水方式。

在初步设计过程中，可用经验法估算建筑所需水压，看能否采用直接给水方式，即1层为100kPa，2层为120kPa，3层以上每增加1层，水压要增加40kPa。

2. 单设水箱的给水方式

当室外给水管网提供的水压只是在用水高峰时段出现不足时，或者建筑内要求水压稳定，并且该建筑具备设置高位水箱的条件时，可采用这种方式。该方式在用水低峰时，利用室外给水管网水压直接供水并向水箱进水。在用水高峰时，水箱出水供给给水系统，从而达到调节水压和水量的目的。

二、设有增压与贮水设备的给水方式

1. 单设水泵的给水方式

当室外给水管网的水压经常不足时，可采用这种方式。当建筑内用水量大且较均匀时，可用恒速水泵供水。当建筑内用水不均匀时，宜采用多台水泵联合运行供水，以提高水泵的效率。

值得注意的是，因水泵直接从室外管网抽水，有可能使外网压力降低，从而影响外网上其他用户用水，严重时还可能形成外网负压，在管道接口不严密处，其周围的渗水会吸入管内，造成水质污染。因此，采用这种方式，必须要征得供水部门的同意，并在管道连接处采取必要的防护措施，以防污染。

2. 设置水泵和水箱的给水方式

当室外管网的水压经常不足、室内用水不均匀，且室外管网允许直接抽水时，可采用这种方式。该方式中的水泵能及时向水箱供水，可减小水箱容积，又由于有水箱的调节作用，水泵出水量稳定，故而能在高效区运行。

3. 设置贮水池、水泵和水箱的给水方式

当建筑的用水可靠性要求高，室外管网水量、水压经常不足，且不允许直接从外网抽水，或者是用水量较大，外网不能保证建筑的高峰用水时，再或是要求贮备一定容积的消防水量时，都应采用这种给水方式。

4. 设置气压给水装置的给水方式

当室外给水管网压力低于或经常不能满足室内所需水压、室内用水不均匀，且不宜设置高位水箱时可采用此方式。该方式即在给水系统中设置气压给水设备，利用该设备气压水罐内气体的可压缩性，协同水泵增压供水。气压水罐的作用相当于高位水箱，但其位置可根据需要较灵活地设在高处或低处。

5. 设置变频调速给水装置的给水方式

当室外供水管网水压经常不足，建筑内用水量较大且不均匀，且要求可靠性较高、水压恒定时，或者建筑物顶部不宜设高位水箱时，可以采用变频调速给水装置进行供水。这种供水方式可省去屋顶水箱，且水泵效率较高，但一次性投资较大。

三、分区给水方式

分区给水方式适用于多层和高层建筑。

1. 利用外网水压的分区给水方式

对于多层和高层建筑来说，室外给水管网的压力只能满足建筑下部若干层的供水要求。为了节约能源，有效地利用外网的水压，常将建筑物的低区设置成由室外给水管网直接供水，高区由增压贮水设备供水。为保证供水的可靠性，可将低区与高区的1根或几根立管相连接，在分区处设置阀门，以备低区进水管发生故障或外网压力不足时，打开阀门由高区向低区供水。

2. 设置高位水箱的分区给水方式

设置高位水箱的分区给水方式一般适用于高层建筑。高层建筑生活给水系统的竖向分区，应根据使用要求、设备材料性能、维护管理条件、建筑高度、节约供水、能耗等综合因素合理确定。一般各分区最低卫生器具配水点处的静水压力不宜大于0.45MPa。静水压力大于0.35MPa的入户管（或配水横管），宜设减压或调压设施。

这种给水方式中的水箱，不只具有保证管网中正常压力的作用，还兼有贮存、调节、减压作用。根据水箱的不同设置方式又可分为下面四种形式。

（1）并联水泵、水箱给水方式

并联水泵、水箱给水方式是每一分区分别设置一套独立的水泵和高位水箱，它们用于向各区供水。其水泵一般集中设置在建筑的地下室或底层。

这种方式的优点是：各区自成一体，互不影响；水泵集中，管理维护方便；运行动力费用较低。缺点是：水泵数量多，耗用管材较多，设备费用偏高；分区水箱占用楼房空间多；有高压水泵和高压管道。

（2）串联水泵、水箱给水方式

串联水泵、水箱给水方式是水泵分散设置在各区的楼层之中，下一区的高位水箱兼作上一区的贮水池。

这种方式的优点是：无高压水泵和高压管道，运行动力费用经济。其缺点是：水泵分散设置，连同水箱所占楼房的平面、空间较大；水泵设在楼层，防振、隔音要求高，且管理维护不方便；若下部发生故障，将影响上部的供水。

（3）减压水箱给水方式

减压水箱给水方式是由设置在底层（或地下室）的水泵将整幢建筑的用水量提升至屋顶水箱，然后再分送至各分区水箱，分区水箱可以起到减压的作用。

这种方式的优点是：水泵数量少，水泵房面积小，设备费用低，管理维护简单；各分区减压水箱容积小。其缺点是：水泵运行动力费用高；屋顶水箱容积大；建筑物高度大、当分区较多时，下区减压水箱中浮球阀承压过大，易造成关闭不严的现象；上部某些管道部位发生故障时，将影响下部的供水。

（4）减压阀给水方式。

减压阀给水方式的工作原理与减压水箱供水方式相同，但其不同之处是用减压阀代替减压水箱。

3.无水箱的给水方式

（1）多台水泵组合运行方式

在不设水箱的情况下，为了保证供水量和保持管网中的压力恒定，管网中的水泵必须一直保持运行状态。但是建筑内的用水量在不同时间里是不相等的，因此要达到供需平衡，可以采用同一区内多台水泵组合运行。这种方式的优点是，既省去了水箱，又增加了建筑有效使用面积。其缺点是，所用水泵较多，工程造价较高。根据不同组合还可分为下面两种形式。

①无水箱并列给水方式

无水箱并列给水方式即根据不同高度分区采用不同的水泵机组供水。这种方式初期投资大，但运行费用较少。

②无水箱减压阀给水方式

无水箱减压阀给水方式即整个供水系统共用一组水泵，分区处设减压阀。该方式虽系统简单，但运行费用高。

（2）气压给水装置给水方式

气压给水装置给水方式是以气压罐取代了高位水箱，它控制水泵间歇工作，并保证管网中保持一定的水压。这种方式又可分下面两种形式。

①并列气压给水装置给水方式

并列气压给水装置给水方式，其特点是每个分区都有一个气压水罐，但初期投资大，气压水罐容积小，水泵启动频繁，耗电较多。

②气压给水装置与减压阀给水方式

气压给水装置与减压阀给水方式，它是由一个总的气压水罐控制水泵工作，水压较高的区用减压阀控制。其优点是投资较省，气压水罐容积大，水泵启动次数较少。其缺点是整个建筑一个系统，各分区之间将相互影响。

（3）变频调速给水装置给水方式

变频调速给水装置给水方式的适用情况与（1）点所述多台水泵组合运行给水方式基本相同，只是将其中的水泵改为变频调速给水装置即可，其常见形式为并列给水方式。该方式的优缺点除(1)点所述之外，还需要成套的变速与自动控制设备，工程造价高。

四、分质给水方式

分质给水方式即根据不同用途所需的不同水质，分别设置独立的给水系统，饮用水给水系统供饮用、烹饪、盥洗等生活用水，水质符合《生活饮用水卫生标准》。杂用水给水系统，水质较差，仅符合"生活杂用水水质标准"，只能用于建筑内冲洗便器、绿化、洗车、扫除等用水。为确保水质，还可采用饮用水与盥洗、沐浴等生活用水分设两个独立管网的分质给水方式。生活用水要均先进入屋顶水箱（空气隔断）后，再经管网供给各用水点，以防回流污染；饮用水则根据需要，经深度处理达到直接饮用要求，再行输配。

在实际工程中，如何确定合理的供水方案，应当全面分析该项工程所涉及的各项因素——如技术因素，它包括：对城市给水系统的影响、水质、水压、供水的可靠性、节水节能效果、操作管理、自动化程度等；经济因素包括：基建投资、年经常费用、现值等；社会和环境因素包括：对建筑立面和城市观瞻的影响、对结构和基础的影响、占地面积、对周围环境的影响、建设难度和建设周期、抗寒防冻性能、分期建设的灵活性、对使用带来的影响等等，需进行综合评定而确定。

有些建筑的给水方式，因为要考虑到多种因素的影响，所以它们往往由两种或两种以上的给水方式适当组合而成。值得注意的是，有时候由于受到各种因素的制约，可能会使少部分卫生器具、给水附件处的水压超过规范推荐的数值，此时就应采取减压限流的措施。

第三节　常用管材、附件和水表

一、管道材料

建筑给水和热水供应管材常用的有塑料管、复合管、钢管、不锈钢管、有衬里的铸铁管和经可靠防腐处理的钢管等。

1. 塑料管

近些年来，给水塑料管的开发在我国取得了很大的进展。给水塑料管管材有聚氯乙烯管、聚乙烯管（高密度聚乙烯管、交联聚乙烯管）、聚丙烯管、聚丁烯管和 ABS 管等。塑料管有良好的化学稳定性，耐腐蚀，不受酸、碱、盐、油类等物质的侵蚀；物理机械性能也很好，不燃烧、无不良气味、质轻且坚，密度仅为钢的五分之一，运输安装方便；管壁光滑，水流阻力小；容易切割，还可制造成各种颜色。当前，已有专供输送热水使用的塑料管，其使用温度可达 95℃。为了防止管网水质污染，塑料管的使用推广正在加速进行，并将逐步替代质地较差的金属管。

2. 给水铸铁管

我国生产的给水铸铁管，按其材质分为普通灰口连续铸铁管和球墨铸铁管，按其浇注形式分为砂型离心铸铁直管和连续铸铁直管（但目前市场上小口径球墨铸铁管较少）。铸铁管具有耐腐蚀性强（为保证其水质，还是应有衬里）、使用期长、价格较低等优点。其缺点是性脆、长度小、重量大。

3. 钢管

钢管有焊接钢管、无缝钢管两种。焊接钢管又分镀锌钢管和不镀锌钢管。钢管镀锌的目的是防锈、防腐、避免水质变坏，延长使用年限。所谓镀锌钢管，应当是热浸镀锌工艺生产的产品。钢管的强度高，承受流体的压力大，抗震性能好，长度大，接头较少，韧性好，加工安装方便，重量比铸铁管轻。但抗腐蚀性差，易影响水质。因此，虽然以前在建筑给水中普遍使用钢管，但现在冷浸镀锌钢管已被淘汰，而热浸镀锌钢管也被限制在一些场合使用（如果使用，需经可靠防腐处理）。

4. 其他管材

其他管材包括：铜管、不锈钢管、铝塑复合管、钢塑复合管等。

铜管可以有效地防止卫生洁具被污染，且光亮美观、豪华气派。目前，其连接配件、阀门等也配套产出。根据我国几十年的使用情况，验证了其效果优良。只是由于管材价格较高，故而现在多用于宾馆等较高级的建筑之中。

不锈钢管表面光滑，亮洁美观，摩擦阻力小；重量较轻，强度高且有良好的韧性，容易加工；耐腐性能优异，无毒无害，安全可靠，不影响水质。其配件、阀门均已配套。由于人们越来越讲究水质的高标准，故而不锈钢管的使用呈快速上升之势。

钢塑复合管有衬塑和涂塑两类，也生产有相应的配件、附件。它兼有钢管强度高和塑料管耐腐蚀、保持水质的优点。

铝塑复合管是中间以铝合金为骨架，内外壁均为聚乙烯等塑料的管道。其除具有塑料管的优点外，还有耐压强度好、耐热、可挠曲、接口少、安装方便、美观等优点。目前，管材规格大都为 DN15 ~ DN40，多用作建筑给水系统的分支管。

在实际工程中，应根据水质要求、建筑使用要求和国家现行有关产品标准的要求等因素选择管材。生活给水管应选用耐腐蚀和连接方便的管材，一般可采用塑料管（高层建筑给水立管不宜采用塑料管）、塑料和金属的复合管、薄壁金属管（铜管、不锈钢管）等。生活直饮水管材可选用不锈钢管、铜管等。消防与生活共用给水管网，消防给水管管材常采用热浸镀锌钢管。自动喷水灭火系统的消防给水管应采用热浸镀锌钢管。热水系统的管材应采用热浸镀锌钢管、薄壁金属管、塑料管、塑料复合管等管材。埋地给水管道一般可采用塑料管、有衬里的球墨铸铁管和经可靠防腐处理的钢管等。

二、管道配件与管道连接

管道配件是指在管道系统中起连接、变径、转向、分支等作用的零件，又称管件。如弯头、三通、四通、异径管接头、承插短管等。各种不同管材都有相应的管道配件，管道配件有带螺纹接头（多用于塑料管、钢管）、带法兰接头、带承插接头（多用于铸铁管、塑料管）等几种形式。

常用各种管材的连接方法如下。

1. 塑料管的连接方法

塑料管的连接方法一般有：螺纹连接（其配件为注塑制品）、焊接（热空气焊、热熔焊、电熔焊）、法兰连接、螺纹卡套压接，还有承插接口、胶粘连接等。

2. 铸铁管的连接方法

铸铁管的连接多用承插方式连接，连接阀门等处也用法兰盘连接。承插接口有柔性接口和刚性接口两类：柔性接口采用橡胶圈接口；刚性接口采用石棉水泥接口、膨胀性填料接口，重要场合可用铅接口。

3. 钢管的连接方法

钢管的连接方法有螺纹连接、焊接和法兰连接。

（1）螺纹连接

螺纹连接即利用带螺纹的管道配件连接。配件用可锻铸铁制成，抗腐性及机械强度均较大，配件也分镀锌与不镀锌两种，而钢制配件较少。镀锌钢管必须用螺纹连接，其配件也应为镀锌配件。这种方法多用于明装管道。

（2）焊接。

焊接是用焊机、焊条烧焊将两段管道连接在一起。优点是接头紧密，不漏水，不需配件，施工迅速，但无法拆卸。焊接只适用于不镀锌钢管。这种方法多用于暗装管道。

（3）法兰连接

在较大管径（50mm 以上）的管道上，常将法兰盘焊接（或用螺纹连接）在管端，再以螺栓将两个法兰连接在一起，进而两段管道也就被连接在一起了。法兰连接一般用在连接阀门、止回阀、水表、水泵等处，以及需要经常拆卸、检修的管段上。

4. 铜管的连接方法

铜管的连接方法有：螺纹卡套压接、焊接（有内置锡环焊接配件、内置银合金环焊接配件、加添焊药焊接配件）等。

5. 不锈钢管的连接方法

不锈钢管一般有焊接、螺纹连接、法兰连接、卡套压接和铰口连接等。

6. 复合管的连接方法

钢塑复合管一般用螺纹连接，其配件一般也是钢塑制品。

铝塑复合管一般采用螺纹卡套压接，其配件一般是铜制品，它是先将配件螺帽套在管道端头，再把配件内芯套入端内，然后用扳手扳紧配件与螺帽即可。

三、管道附件

管道附件是给水管网系统中用于调节水量、水压，控制水流方向，关断水流等各类装置的总称。其可分为配水附件和控制附件两类。

1. 配水附件

配水附件用以调节和分配水流。其种类有下面几类。

（1）配水水嘴

①截止阀式配水水嘴。一般安装在洗涤盆、污水盆、盥洗槽上。该水嘴阻力较大。其橡胶衬垫容易磨损，使之漏水。一些发达城市正逐渐淘汰此种铸铁水嘴，取而代之的是塑料制品和不锈钢制品等。

②旋塞式配水水嘴。该水嘴旋转90°即完全开启，可在短时间内获得较大流量，阻力也较小，但其缺点是易产生水击，其通常适用于浴池、洗衣房、开水间等处。

③瓷片式配水水嘴。该水嘴采用陶瓷片阀芯代替橡胶衬垫，解决了普通水嘴的漏水问题。陶瓷片阀芯是利用陶瓷淬火技术制成的一种耐用材料，它能承受高温及高腐蚀，有很高的硬度，光滑平整、耐磨，是现在广泛推荐的产品，但价格较贵。

（2）盥洗水嘴

盥洗水嘴设在洗脸盆上供冷水（或热水）用。该水嘴有莲蓬头式、鸭嘴式、角式、长脖式等多种形式。

（3）混合水嘴

混合水嘴是将冷水、热水混合调节为温水的水嘴，供盥洗、洗涤、沐浴等使用。该类新型水嘴式样繁多、外观光亮、质地优良，其价格差异也较悬殊。

此外，还有小便器水嘴、皮带水嘴、消防水嘴、电子自动水嘴等。

2. 控制附件

控制附件用以调节水量或水压、关断水流、改变水流方向等。

（1）截止阀

截止阀关闭严密，但水流阻力大，适用在管径小于、等于50mm的管道上。

（2）闸阀

闸阀全开时水流呈直线通过，阻力较小。但如有杂质落入阀座后，阀门将不能关闭严实，因而易产生磨损和漏水。当管径在70mm以上时采用此阀。

（3）蝶阀

蝶阀阀板在90°翻转范围内起调节、节流和关闭作用，操作扭矩小，启闭方便，体积较小。其适用于管径70mm以上或双向流动管道上。

（4）止回阀

止回阀用以阻止水流反向流动。常用的有以下四种类型。

①旋启式止回阀，此阀在水平、垂直管道上均可设置，它启闭迅速，易引起水击，不宜在压力大的管道系统中采用。

②升降式止回阀，它是靠上下游压力差使阀盘自动启闭。水流阻力较大，宜用于小

管径的水平管道上。

③消声止回阀，这种止回阀是当水流向前流动时，推动阀瓣压缩弹簧，进而使阀门打开。当水流停止流动时，阀瓣在弹簧作用下在水击到来前即关阀，可消除阀门关闭时的水击冲击和噪声。

④梭式止回阀，它是利用压差梭动原理制造的新型止回阀，不但水流阻力小，而且密闭性能好。

（5）浮球阀

浮球阀是一种用以自动控制水箱、水池水位的阀门，可防止溢流浪费。其缺点是体积较大，阀芯易卡住引起关闭不严而溢水。

与浮球阀功用相同的还有液压水位控制阀。它克服了浮球阀的弊端，是浮球阀的升级换代产品。

（6）减压阀

减压阀的作用是降低水流压力。在高层建筑中使用它，可以简化给水系统，减少水泵数量或减少减压水箱，同时可增加建筑的使用面积，降低投资，防止水质的二次污染。在消火栓给水系统中可用它防止消火栓栓口处超压现象。因此，它的使用已越来越广泛。

减压阀常用的有两种类型，即弹簧式减压阀和活塞式减压阀（也称比例式减压阀）。

（7）安全阀

安全阀是一种保安器材。管网中安装此阀可以避免管网、用具或密闭水箱因超压而受到破坏。一般有弹簧式、杠杆式两种。

除上述各种控制阀之外，还有脚踏阀、液压式脚踏阀、水力控制阀、弹性座封闸阀、静音式止回阀、泄压阀、排气阀、温度调节阀等。

四、水表

水表是一种计量用户累计用水量的仪表。

1.流速式水表的构造和性能

建筑给水系统中广泛采用的是流速式水表。这种水表是在管径一定时，水流通过水表的速度与流量成正比的原理来测量的。它主要由外壳、翼轮和传动指示机构等部分组成。当水流通过水表时，推动翼轮旋转，翼轮转轴传动一系列联动齿轮，指示针显示到度盘刻度上，便可读出流量的累积值。此外，还有计数器为字轮直读的形式。

流速式水表按翼轮构造不同分为旋翼式和螺翼式。旋翼式的翼轮转轴与水流方向垂直。它的阻力较大，多为小口径水表，宜用于测量较小的流量；螺翼式的翼轮转轴与水流方向平行。它的阻力较小，多为大口径水表，宜用于测量较大的流量。

流速式水表又分为干式和湿式两种。干式水表的计数机件用金属圆盘将水隔开，其构造复杂一些；湿式水表的计数机件浸在水中，在计数盘上装有一块厚玻璃（或钢化玻璃）用以承受水压，它机件简单、计量准确，不易漏水，但如果水质浊度高，将会降低水表精度，因产生磨损会缩短水表寿命，故宜用在水中不含杂质的管道上。

水表各技术参数的意义为：

（1）流通能力：水流通过水表产生 10kPa 水头损失时的流量值。

（2）特性流量：水流通过水表产生 100kPa 水头损失时的流量值，此值为水表的特性指标。

（3）最大流量：只允许水表在短时间内承受的上限流量值。

（4）额定流量：水表可以长时间正常运转的上限流量值。

（5）最小流量：水表能够开始准确指示的流量值，是水表正常运转的下限值。

（6）灵敏度：水表能够开始连续指示的流量。

2. 流速式水表的选用

（1）水表类型的确定

应当考虑的因素有：水温、工作压力、水量大小及其变化幅度、计量范围、管径、工作时间、单向或正逆向流动、水质等等。一般管径小于、等于 50mm 时，应采用旋翼式水表；管径大于 50mm 时，应采用螺翼式水表；当流量变化幅度很大时，应采用复式水表（复式水表是旋翼式和螺翼式的组合形式）；计量热水时，宜采用热水水表。一般应优先采用湿式水表。

（2）水表口径的确定

一般以通过水表的设计流量 Qg 小于、等于水表的额定流量 Qe（或者以设计流量通过水表产生的水头损失接近或不超过允许水头损失值）来确定水表的公称直径。

当用水量均匀时（如工业企业生活间、公共浴室、洗衣房等），应按该系统的设计流量不超过水表的额定流量来确定水表口径；当用水不均匀时（如住宅、集体宿舍、旅馆等），且高峰流量每昼夜不超过 3h，应按该系统的设计流量不超过水表的最大流量来确定水表口径，同时水表的水头损失不应超过允许值；当设计对象为生活（生产）、消防共用的给水系统，在选定水表时，其水表额定流量不包括消防流量，但应加上消防流量复核，使其总流量不超过水表的最大流量限值（水头损失必须不超过允许水头损失值）。

3. 电控自动流量计（TM 卡智能水表）

随着科学技术的发展以及改变用水管理体制与提高节约用水意识，传统的"先用水后收费"用水体制和人工进户抄表、结算水费的繁杂方式，已不适应现代管理方式与生活方式，应当用新型的科学技术手段改变自来水供水管理体制的落后状况。因此，电磁流量计、远程计量仪、IC 卡水表等自动水表应运而生。TM 卡智能水表就是其中之一。

TM 卡智能水表内部置有微电脑测控系统，通过传感器检测水量，用 TM 卡传递水量数据，主要用来计量（定量）经自来水管道供给用户的饮用冷水，适于家庭使用。其外形尺寸如图 1-26 所示。

TM 卡智能水表的安装位置要避免曝晒、冰冻、污染、水淹以及砂石等杂物不能进入的管道，水表要水平安装，字面朝上，水流方向应与表壳上的箭头一致。使用时，表内需装入 5 号锂电池 1 节（正常条件下可用 3 ~ 5 年）。用户持 TM 卡（有三重密码）先到供水管理部门购买一定的水量，把 TM 卡插入水表的读写口（将数据输入水表）即可用水。用户用去一部分水，水表内存储器的用水余额自动减少，新输入的水量能与剩余水量自动叠加。表面上有累计计数显示，供水部门和用户可核查用水总量。插卡后可显示剩余水量，当用水余额只有 1m³ 时，水表有提醒用户再次购水的功能。

这种水表的特点和优越性是：将传统的先用水，后结算交费的用水方式改变为先预付水费、后限额用水的方式，使供水部门可提前收回资金、减少拖欠水费的损失；将传统的人工进户抄表、人工结算水费的方式改变为无须上门抄表、自动计费、主动交费的方式，减轻了供水部门工作人员的劳动强度；用户无须接待抄表人员，减少计量纠纷，还能提示人们节约用水，保护和利用好水资源；供水部门可实现计算机全面管理，提高了自动化程度，提高了工作效率。智能水表的选用，可参见产品说明书。

第四节　给水管道的布置与敷设

给水管道的布置与敷设，必须深入了解地域地理、该建筑物的建筑和结构的设计情况、使用功能、其他建筑设备（电气、采暖、空调、通风、燃气、通信等）的设计方案，兼顾消防给水、热水供应、建筑中水、建筑排水等系统，进行综合考虑。

一、给水管道的布置

室内给水管道布置，一般应符合下列原则。

1. 满足良好的水力条件，确保供水的可靠性，力求经济合理

引入管宜布置在用水量最大处或尽量靠近不允许间断供水处，给水干管的布置也是如此。给水管道的布置应力求短而直，尽可能与墙、梁、柱、桁架平行。不允许间断供水的建筑，应从室外环状管网不同管段接出 2 条或 2 条以上引入管，在室内将管道连成环状或贯通枝状双向供水，若条件达不到，可采取设贮水池（箱）或增设第二水源等安

全供水措施。

2. 保证建筑物的使用功能和生产安全

给水管道不能妨碍生产操作、生产安全、交通运输和建筑物的使用。故管道不应穿越配电间，以免因渗漏造成电气设备故障或短路；不应穿越电梯机房、通信机房、大中型计算机房、计算机网络中心和音像库房等房间；不能布置在遇水易引起燃烧、爆炸、损坏的设备、产品和原料上方，还应避免在生产设备、配电柜上布置管道。

3. 保证给水管道的正常使用

生活给水引入管与污水排出管管道外壁的水平净距不宜小于 1.0m，室内给水管与排水管之间的最小净距，平行埋设时不宜小于 0.5m；交叉埋设时不应小于 0.15m，且给水管应在排水管的上面。埋地给水管道应避免布置在可能被重物压坏处；为防止振动，管道不得穿越基础生产设备，如必须穿越时，应与有关专业人员协商处理并采取保护措施；管道不宜穿过伸缩缝、沉降缝、变形缝，如必须穿过，应采取保护措施，如：软接头法（使用橡胶管或波纹管）、丝扣弯头法、活动支架法等；为防止管道腐蚀，管道不得设在烟道、风道、电梯井和排水沟内，不宜穿越橱窗、壁柜，不得穿过大小便槽，给水立管距大、小便槽端部不得小于 0.5m。

塑料给水管应远离热源，立管距灶边不得小于 0.4m，与供暖管道、燃气热水器边缘的净距不得小于 0.2m，且不得因热辐射使管外壁温度大于 40℃；塑料给水管道不得与水加热器或热水炉直接连接，应有不小于 0.4m 的金属管段过渡；塑料管与其他管道交叉敷设时，应采取保护措施或用金属套管保护，建筑物内塑料立管穿越楼板和屋面处应为固定支承点；给水管道的伸缩补偿装置，应按直线长度、管材的线膨胀系数、环境温度和管内水温的变化、管道节点的允许位移量等因素经计算确定，应尽量利用管道自身的折角补偿温度变形。

4. 便于管道的安装与维修

布置管道时，其周围要留有一定的空间，在管道井中布置管道要排列有序，以满足安装维修的要求。需进入检修的管道井，其通道不宜小于 0.6m。管道井每层应设检修设施，每两层应有横向隔断。检修门宜开向走廊。给水管道与其他管道和建筑结构的最小净距应满足安装操作需要且不宜小于 0.3m。

5. 管道布置形式

给水管道的布置按供水可靠程度要求可分为枝状和环状两种形式。前者单向供水，供水安全可靠性差，但节省管材，造价低；后者管道相互连通，双向供水，安全可靠，但管线长，造价高。一般建筑内给水管网宜采用枝状布置。高层建筑、重要建筑宜采用环状布置。

按水平干管的敷设位置又可分为上行下给、下行上给和中分式三种形式。干管设在顶层顶棚下、吊顶内或技术夹层中，由上向下供水的为上行下给式。适用于设置高位水箱的居住与公共建筑和地下管线较多的工业厂房；干管埋地、设在底层或地下室中，由下向上供水的为下行上给式。适用于利用室外给水管网水压直接供水的工业与民用建筑；水平干管设在中间技术层内或中间某层吊顶内，由中间向上、下两个方向供水的为中分式，适用于屋顶用作露天茶座、舞厅或设有中间技术层的高层建筑。

二、给水管道的敷设

1. 敷设形式

给水管道的敷设有明装、暗装两种形式。明装即管道外露，其优点是安装维修方便，造价低。但外露的管道影响美观，表面易结露、积尘。一般用于对卫生、美观没有特殊要求的建筑。暗装即管道隐蔽，如敷设在管道井、技术层、管沟、墙槽、顶棚或夹壁墙中，或直接埋地或埋在楼板的垫层里，其优点是管道不影响室内的美观、整洁，但施工复杂，维修困难，造价高。适用于对卫生、美观要求较高的建筑如宾馆、高级公寓、高级住宅和要求无尘、洁净的车间、实验室、无菌室等。

2. 敷设要求

引入管进入建筑内，一种情形是从建筑物的浅基础下通过，另一种是穿越承重墙或基础。在地下水位高的地区，引入管穿越地下室外墙或基础时，应采取防水措施，如设防水套管等。

室外埋地引入管要防止地面活荷载和冰冻的影响，车行道下管顶覆土厚度不宜小于0.7m，并应敷设在冰冻线以下0.15m处。建筑内埋地管在无活荷载和冰冻影响时，其管顶离地面高度不宜小于0.3m。当将交联聚乙烯管或聚丁烯管用作埋地管时，应将其设在套管内，其分支处宜采用分水器。

给水横管穿承重墙或基础、立管穿楼板时均应预留孔洞。暗装管道在墙中敷设时，也应预留墙槽，以免临时打洞、刨槽而影响建筑结构的强度。横管穿过预留洞时，管顶上部净空不得小于建筑物的沉降量，以保护管道不致因建筑沉降而损坏，其净空一般不小于0.10m。

给水横干管宜敷设在地下室、技术层、吊顶或管沟内，宜有0.002 ~ 0.005的坡度坡向泄水装置；立管可敷设在管道井内，冷水管应在热水管右侧；给水管道与其他管道同沟或共架敷设时，宜敷设在排水管、冷冻管的上面或热水管、蒸汽管的下面；给水管不宜与输送易燃、可燃或有害的液体或气体的管道同沟敷设；通过铁路或地下构筑物下面的给水管道，宜敷设在套管内。

管道在空间敷设时，必须采取固定措施，以保施工方便与安全供水。给水钢质立管一般每层须安装1个管卡，当层高大于5.0m时，每层须安装2个。

明装的复合管管道、塑料管管道也需安装相应的固定卡架，但塑料管道的卡架相对密集一些。各种不同的管道都有不同的要求，使用时，请按生产厂家的施工规程进行安装。

三、给水管道的防护

1. 防腐

金属管道的外壁容易氧化锈蚀，所以必须采取措施予以防护，以延长管道的使用寿命。通常明装的、埋地的金属管道外壁都应进行防腐处理。常见的防腐做法是管道除锈后，在外壁涂刷防腐涂料。管道外壁所做的防腐层数，应根据防腐的要求确定。当给水管道及配件设在含有腐蚀性气体房间内时，应采用耐腐蚀管材或在管外壁采取防腐措施。

2. 防冻

当管道及其配件设置在温度低于0℃以下的环境时，为保证使用安全，应当采取保温措施。

3. 防露

在湿热的气候条件下，或在空气湿度较高的房间内，给水管道内的水温较低，空气中的水分会凝结成水附着在管道表面，严重时会产生滴水。这种管道结露现象，一方面会加速管道的腐蚀，另外还会影响建筑物的使用，如使墙面受潮、粉刷层脱落，影响墙体质量和建筑美观，有时还可能造成地面少量积水或影响地面上的某些设备、设施的使用等。因此，在这种场所就应当采取防露措施（具体做法与保温相同）。

4. 防漏

如果管道布置不当，或者是管材质量和敷设施工质量低劣，都可能导致管道漏水。这不仅浪费水量、影响正常供水，而且严重时还会损坏建筑，特别是湿陷性黄土地区，埋地管漏水将会造成土壤湿陷，影响建筑基础的稳固性。防漏的办法一是避免将管道布置在易受外力损坏的位置，或采取必要且有效的保护措施，免其直接承受外力；二是要健全管理制度，加强管材质量和施工质量的检查监督；三是在湿陷性黄土地区，可将埋地管道设在防水性能良好的检漏管沟内，一旦漏水，水可沿沟排至检漏井内，便于及时发现和检修（管径较小的管道，也可敷设在检漏套管内）。

5. 防振

当管道中水流速度过大时，若此时关闭水嘴、阀门，易出现水击现象，会引起管道、附件的振动，这不仅会损坏管道、附件造成漏水，还会产生噪声。为防止管道的损坏和噪声的污染，在设计时应控制管道的水流速度，尽量减少使用电磁阀或速闭型阀门、水嘴。住宅建筑进户支管阀门后，应装设一个家用可曲挠橡胶接头进行隔振，并可在管道支架、吊架内衬垫减振材料，以减小噪声的扩散。

第五节　水质防护

从城市给水管网引入小区和建筑的水，其水质一般都符合《生活饮用水卫生标准》，但若小区和建筑内的给水系统设计、施工安装和管理维护不当，就可能造成水质被污染的现象，会导致疾病传播，直接危害人民的健康和生命，或者导致产品质量不合格，影响工业的发展。所以，必须重视和加强水质防护，确保供水安全。

一、水质污染的现象及原因

1. 与水接触的材料选择不当

如制作材料或防腐涂料中含有毒物质，逐渐溶于水中，这将直接污染水质。金属管道内壁的氧化锈蚀也直接污染水质。

2. 水在贮水池（箱）中停留时间过长

如贮水池（箱）容积过大，其中的水长时间不用，或池（箱）中水流组织不合理，形成了死角，水停留时间太长，当水中的余氯量耗尽后，有害微生物就会生长繁殖，使水腐败变质。

3. 管理不善

如水池（箱）的入孔不严密，通气口和溢流口敞开设置，尘土、蚊虫、鼠类、雀鸟等均可能通过以上孔口进入水中游动或溺死池（箱）中，造成污染。

4. 构造、连接不合理

配水附件安装不当，若出水口设在用水设备、卫生器具上沿或溢流口以下时，当溢流口堵塞或发生溢流的时候，遇上给水管网因故供水压力下降较多，恰巧此时开启配水附件，污水即会在负压作用下吸入管道造成回流污染；饮用水管道与大便器冲洗管直接相连，并且用普通阀门控制冲洗，当给水系统压力下降时，此时恰巧开启阀门也会出现回流污染；饮用水与非饮用水管道直接连接，当非饮用水压力大于饮用水压力且连接管中的止回阀（或阀门）密闭性差，则非饮用水会渗入到饮用水管道造成污染；埋地管道与阀门等附件连接不严密，平时渗漏，当饮用水断流，管道中出现负压时，被污染的地下水或阀门井中的积水即会通过渗漏处进入给水系统。

二、水质污染的防止措施

随着社会的不断进步与发展，人们对生活的质量要求日益提高，保健意识也在不断增强，对工业产品的质量同样引起重视。为防止不合格水质对人们带来的种种危害，当今市面上大大小小、各式各样的末端给水处理设备以及各种品牌的矿泉水、纯净水、桶装水、瓶装水应运而生。但是，这些措施生产的水量小、价格高，且其自身也难以真正、完全地保证质量，所以不能从根本上来保证社会大量的、合格的民用与工业用水。因此，通过专业技术人员在设计、施工中采用合理的方案与方法（如正在不断发展的城市直饮水系统），使社会上具有良好的保证供水水质的体系，具有重要的社会意义。除一些新的技术需要探讨、实施外，一般的常规技术措施有：

饮用水管道与贮水池（箱）不要布置在易受污染处，设置水池（箱）的房间应有良好的通风设施，非饮用水管道不能从饮水贮水设备中穿过，也不得将非饮用水接入。生活饮用水水池（箱）不得利用建筑本体结构（如基础、墙体、地板等）作为池底、池壁、池盖，其四周及顶盖上均应留有检修空间。生活饮用水水池（箱）与其他用水水池（箱）并列设置时，应有各自独立的分隔墙，不得共用一幅分隔墙，隔墙与隔墙之间应有排水措施。当贮水池设在室外地下时，距污染源构筑物（如化粪池、垃圾堆放点）不得小于10m的净距（当净距不能保证时，可采取提高饮用水池标高或化粪池采用防漏材料等措施），且周围2m以内不得有污水管和污染物。室内贮水池不应在有污染源的房间下面。

贮水池（箱）的本体材料和表面涂料，不得影响水质卫生。若需防腐处理，应采用无毒涂料。若采用玻璃钢制作时，应选用食品级玻璃钢为原料；不宜采用内壁容易锈蚀、氧化以及释放其他有害物质的管材作为输、配水管道。不得在大便槽、小便槽、污水沟内敷设给水管道，不得在有毒物质及污水处理构筑物的污染区域内敷设给水管道。生活饮用水管道在堆放及操作安装中，应避免外界的污染，验收前应进行清洗和封闭。

贮水池（箱）的入孔盖应是带锁的密封盖，地下水池的入孔凸台应高出地面0.15m。通气管和溢流管口要设铜(钢)丝网罩，以防杂物、蚊虫等进入，还应防止雨水、尘土进入。其溢流管、排水管不能与污水管直接连接，应采取间接排水的方式；生活饮用水管的配水出口，不允许被任何液体或杂质所淹没。生活饮用水的配水出口与用水设备(卫生器具)溢流水位之间，应有不小于出水口直径2.5倍的空气间隙；生活饮用水管道不得与非饮用水管道连接，城市给水管道严禁与自备水源的供水管道直接连接。生活饮用水管道在与加热设备连接时，应有防止热水回流使饮用水升温的措施；从生活饮用水贮水池抽水的消防水泵出水管上，从给水管道上直接接出室内专用消防给水管道、直接吸水的管道泵、垃圾处理站的冲洗水管、动物养殖场的动物饮水管道，从生活饮用水管道系统上接至有害、有毒场所的贮水池（罐）、装置、设备的连接管上等，其起端应设置管道倒流防止器或其他有效地防止倒流污染的装置；从生活饮用水管道系统上接至对健康有危害的化工剂罐区、化工车间、实验楼（医药、病理、生化）等连接管上，除应设置倒流防止器外，还应设置空气间隙；从生活饮用水管道上直接接出消防软管卷盘、接软管的冲洗水嘴等，其管道上应设置真空破坏器；生活饮用水管道严禁与大便器(槽)、小便斗(槽)

采用非专用冲洗阀直接连接冲洗；非饮用水管道工程验收时，应逐段检查，以防与饮用水管道误接在一起，其管道上的放水口应有明显标志，避免非饮用水被人误饮和误用。

生活饮用水贮水池（箱）要加强管理，定期清洗。其水泵机组吸水口及池内水流组织应采取合理的技术措施，用来保证水流合理，使水不至于形成死角长期滞留池中而使水质变坏。当贮水 48h 内不能得到更新时，应设置消毒处理装置。

第六节　给水设计流量

一、建筑内用水情况和用水定额

建筑内用水包括生活、生产和消防用水三部分。

消防用水具有偶然性，其用水量视火灾情形而定。生产用水在生产班期间内比较均匀且有规律性，其用水量根据地区条件、工艺过程、设备情况、产品性质等因素，按消耗在单位产品上的水量或单位时间内消耗在生产设备上的水量计算确定。生活用水是满足人们生活上各种需要所消耗的用水，其用水量受当地气候、建筑物使用性质、卫生器具和用水设备的完善程度、使用者的生活习惯及水价等多种因素的影响，一般不均匀。

对于生活用水，应根据现行的《建筑给水、排水设计规范》（以下简称《规范》）作为依据，进行计算。最大小时用水量一般用于确定水泵流量和高位水箱容积等。

3. 生活给水设计秒流量

给水管道的设计流量是确定各管段管径、计算管路水头损失、进而确定给水系统所需压力的主要依据。因此，设计流量的确定应符合建筑内的用水规律。建筑内的生活用水量在一定时间段（如 1 昼夜，1 小时）里是不均匀的，为了使建筑内瞬时高峰的用水都得到保证，其设计流量应为建筑内卫生器具配水最不利情况组合出流时的瞬时高峰流量，此流量又称为设计秒流量。

对于住宅、宿舍（Ⅰ类、Ⅱ类）、旅馆、宾馆、酒店式公寓、医院、疗养院、办公楼、幼儿园、养老院、商场、图书馆、书店、客运站、航站楼、会展中心、中小学教学楼、公共厕所等建筑，由于用水设备使用不集中，用水时间长，同时给水百分数随卫生器具数量增加而减少。为简化计算，将 1 个直径为 15mm 的配水水嘴的额定流量 0.2L/s 作为一个当量，其他卫生器具的给水额定流量与它的比值，即为该卫生器具的当量。这样，便可把某一管段上不同类型卫生器具的流量换算成当量值。

当前，我国生活给水管网设计秒流量的计算方法，按建筑的性质及用水特点可分为三类：

（1）住宅建筑设计秒流量。

（2）宿舍（Ⅰ类、Ⅱ类）、旅馆、宾馆、酒店式公寓、医院、疗养院、幼儿园、养老院、办公楼、商场、图书馆、书店、客运站、航站楼、会展中心、中小学教学楼、公共厕所等建筑的生活给水设计秒流量。

当计算值小于该管段上一个最大卫生器具给水额定流量时，应采用一个最大的卫生器具给水额定流量作为设计秒流量；当计算值大于该管段上按卫生器具给水额定流量累加所得流量值时，应按卫生器具给水额定流量累加所得流量值采用。

有大便器延时自闭冲洗阀的给水管段，大便器延时自闭冲洗阀的给水当量均以 0.5 计，计算得到的 q_g 附加 1.20L/s 的流量后，为该管段的给水设计秒流量。

综合楼建筑的口值应按加权平均法计算。

（3）宿舍（Ⅲ类、Ⅳ类）、工业企业的生活间、公共浴室、职工食堂或营业餐馆的厨房、体育场馆、剧院、普通理化实验室等建筑的生活给水管道的设计秒流量。

当计算值小于该管段上一个最大卫生器具给水额定流量时，应采用一个最大的卫生器具给水额定流量作为设计秒流量。

大便器自闭式冲洗阀应单列计算，当单列计算值小于 1.2L/s 时，以 1.2L/s 计；当大于 1.2L/s 时，以计算值计。

第七节　给水增压与调节设备

一、水泵

在建筑给水系统中，当现有水源的水压较小，不能满足给水系统对水压的需要时，常采用设置水泵进行增高水压来满足给水系统对水压的需求。

1. 适用建筑给水系统的水泵类型

在建筑给水系统中，一般采用离心式水泵。

为节省占地面积，可采用结构紧凑、安装管理方便的立式离心泵或管道泵；当采用设水泵、水箱的给水方式时，通常是水泵直接向水箱输水，水泵的出水量与扬程几乎不变，可选用恒速离心泵；当采用不设水箱而须设水泵的给水方式时，可采用调速泵组供水。

2. 水泵的选择

选择水泵除满足设计要求外，还应考虑节约能源，使水泵在大部分时间保持高效运行。要达到这个目的，要正确地确定其流量、扬程至关重要。

（1）流量的确定。

在生活（生产）给水系统中，当无水箱（罐）调节时，其流量均应按设计秒流量确定；当有水箱调节时，水泵流量应按最大小时流量确定；当调节水箱容积较大，且用水量均匀时，水泵流量可按平均小时流量确定。

消防水泵的流量应按室内消防设计水量确定。

（2）扬程的确定。

水泵的扬程应根据水泵的用途、与室外给水管网连接的方式来确定。

3. 水泵的设置

水泵机组一般设置在水泵房内，泵房应是需要安静、要求防震、防噪声的房间，并有良好的通风、采光、防冻和排水的条件；泵房的条件和水泵的布置要便于起吊设备的操作，其间距要保证检修时能拆卸、放置泵体和电机（其四周宜有0.7m的通道），并能进行维修操作。

每台水泵一般应设独立的吸水管，如必须设置成几台水泵共用吸水管时，吸水管应管顶平接；水泵装置宜设计成自动控制运行方式，间歇抽水的水泵应尽可能设计成自灌式（特别是消防泵），自灌式水泵的吸水管上应装设阀门。在不可能时才设计成吸上式，吸上式的水泵均应设置引水装置；每台水泵的出水管上应装设阀门、止回阀和压力表，并宜有防水击措施（但水泵直接从室外管网吸水时，应在吸水管上装设阀门、倒流防止器和压力表，并应绕水泵设装有阀门和止回阀的旁通管）。

与水泵连接的管道力求短、直；水泵基础应高出地面0.1～0.3m；水泵吸水管内的流速宜控制在1.0～1.2m/s以内，出水管内的流速宜控制在1.5～2.0m/s内。

为减小水泵运行时振动产生的噪声，应尽量选用低噪声水泵，也可在水泵基座下安装橡胶、弹簧减振器或橡胶隔振器（垫），在吸水管、出水管上装设可曲挠橡胶接头，可采用弹性吊（托）架，以及其他新型的隔振技术措施等。当有条件和必要时，建筑上还可采取隔振和吸声措施。

生活和消防水泵应设备用泵，生产用水泵可根据工艺要求确定是否设置备用泵。

二、贮水池

贮水池是贮存和调节水量的构筑物。当一幢（特别是高层建筑）或数幢相邻建筑所需的水量、水压明显不足，或者是用水量很不均匀（在短时间内特别大），且城市供水管网难以满足时，应当设置贮水池。

贮水池可设置成生活用水贮水池、生产用水贮水池、消防用水贮水池等。贮水池的形状有圆形、方形、矩形和因地制宜的异形。小型贮水池可以是砖石结构，混凝土抹面，大型贮水池应该是钢筋混凝土结构。不管是哪种结构，必须牢固，保证不漏（渗）水。

1. 贮水池的容积

贮水池的容积与水源供水能力、生活（生产）调节水量、消防贮备水量和生产事故备用水量有关，可根据具体情况加以确定：

消防贮水池的有效容积应按消防的要求确定；生产用水贮水池的有效容积应按生产工艺、生产调节水量和生产事故用水量等情况确定；生活用水贮水池的有效容积应按进水量与用水量变化曲线经计算确定。当资料不足时，宜按建筑最高日用水量的 20% ~ 25% 确定。

2. 贮水池的设置

贮水池可布置在通水良好、不结冻的室内地下室或室外泵房附近，不宜毗邻电气用房和居住用房或在其上方。生活贮水池应远离（一般应在 10m 以上）化粪池、厕所、厨房等卫生环境不良的房间，且应有防污染的技术措施；生活贮水池不得兼作他用，消防和生产事故贮水池可兼作喷泉池、水景镜池和游泳池等，但不得少于两格；当消防贮池水包括室外消防用水量时，应在室外设有供消防车取水用的吸水口；当昼夜用水的建筑物贮水池和贮水池容积大于 500m³ 时，应分成两格，以便清洗、检修。

贮水池外壁与建筑本体结构墙面或其他池壁之间的净距，应满足施工或装配的要求；无管道的侧面，其净距不宜小于 0.7m；有管道的侧面，其净距不宜小于 1.0m，且管道外壁与建筑本体墙面之间的通道宽度不宜小于 0.6m；设有人孔的池顶顶板面与上面建筑本体板底的净空不宜小于 0.8m。

贮水池的设置高度应利于水泵自灌式吸水，且宜设置深度大于、等于 1.0m 的集（吸）水坑，以保证水泵的正常运行和水池的有效容积；贮水池应设进水管、出（吸）水管、溢流管、泄水管、人孔、通气管和水位信号装置。溢流管应比进水管大一号，溢流管出口应高出地坪 0.10m；通气管直径应为 200mm，其设置高度应距覆盖层 0.5m 以上；水位信号应反映到泵房和操纵室；必须保证污水、尘土、杂物不得通过人孔、通气管、溢流管进入池内；贮水池进水管和出水管应分别设置且应布置在相对位置，以便贮水经常流动，从而避免滞留和死角，以防池水腐化变质。

三、吸水井

当室外给水管网水压不足但能够满足建筑内所需水量，可不需设置贮水池，若室外管网不允许直接抽水时，即可设置仅满足水泵吸水要求的吸水井。

吸水井的容积应大于最大一台水泵 3min 的出水量。

吸水井可设在室内底层或地下室，也可设在室外地下或地上，对于生活用吸水井，应有防污染的措施。

吸水井的尺寸应满足吸水管的布置、安装和水泵正常工作的要求，吸水管在井内布置的最小尺寸要和实际需求相结合。

四、水箱

按不同用途，水箱可分为高位水箱、减压水箱、冲洗水箱、断流水箱等多种类型。其形状多为矩形和圆形，制作材料有钢板（包括普通、搪瓷、镀锌、复合与不锈钢板等）、钢筋混凝土、玻璃钢和塑料等。这里主要介绍在给水系统中使用较广的，且起到保证水压和贮存、调节水量的高位水箱。

1.水箱的有效容积

水箱的有效容积，在理论上应根据用水和进水流量变化曲线确定。但变化曲线难以获得，故常按经验确定：

对于生活用水的调节水量，由水泵联动提升进水时，可按不小于最大小时用水量的50%计；仅在夜间由城镇给水管网直接进水的水箱，生活用水贮量应按用水人数和最高日用水定额确定；生产事故备用水量应按工艺要求确定；当生活和生产调节水箱兼作消防用水贮备时，水箱的有效容积除生活或生产调节水量外，还应包括10min的室内消防设计流量（这部分水量平时不能动用）。

水箱内的有效水深一般采用0.70 ~ 2.50m。水箱的保护高度一般为200mm。

2.水箱设置高度

贮备消防水量的水箱，当满足消防设备所需压力有困难时，应采取设置增压泵等措施。

3.水箱的配管与附件

水箱的配管与附件如图1-33所示。

进水管：进水管一般由水箱侧壁接入（进水管口的最低点应高出溢流水位25 ~ 150mm），也可从顶部或底部接入。进水管的管径可按水泵出水量或管网设计秒流量计算确定。

当水箱直接利用室外管网压力进水时，进水管出口应装设液压水位控制阀（优先采用，控制阀的直径应与进水管管径相同）或浮球阀，进水管上还应装设检修用的阀门，当管径大于、等于50mm时，控制阀（或浮球阀）应不少于2个。从侧壁进入的进水管其中心距箱顶应有150 ~ 200mm的距离。

当水箱由水泵加压供水时，应设置水位自动控制水泵运行时的装置。

出水管：出水管可从侧壁或底部接出，出水管内底或管口应高出水箱内底且应大于

50mm；出水管管径应按设计秒流量计算；出水管不宜与进水管在同一侧面；为便于维修和减小阻力，出水管上应装设阻力较小的闸阀，不允许安装阻力大的截止阀；水箱进出水管宜分别设置；如进水、出水合用一根管道，则应在出水管上装设阻力较小的旋启式止回阀，止回阀的标高应低于水箱最低水位 1.0m 以上；消防和生活合用的水箱除了确保消防贮备水量不作他用的技术措施外，还应尽量避免产生死水区。

溢流管：水箱溢流管可从底部或侧壁接出，溢流管的进水口宜采用水平喇叭口集水（若溢流管从侧壁接出，喇叭口下的垂直距离不宜小于溢流管径的 4 倍）并应高出水箱最高水位 50mm，溢流管上不允许设置阀门，溢流管出口应设网罩，管径应比进水管大一级。溢流管出口不得与污、废水管道系统直接连接。

泄水管：水箱泄水管应自底部接出，管上应装设闸阀，其出口可与溢水管相接，但不得与污、废水管道系统直接相连，其管径应按水箱泄空时间和泄水受体排泄能力确定，但一般不小于 50mm。

水位信号装置：该装置是反映水位控制阀失灵报警的装置。可在溢流管口（或内底）齐平处设信号管，一般从自水箱侧壁接出，常用管径为 15mm，其出口接至经常有人值班的控制中心内的洗涤盆上。

若水箱液位与水泵连锁，则应在水箱侧壁或顶盖上安装液位继电器或信号器，并应保持一定的安全容积：最高电控水位应低于溢流水位 100mm；最低电控水位应高于最低设计水位 200mm 以上。

为了就地指示水位，应在观察方便、光线充足的水箱侧壁上安装玻璃液位计，便于直接监视水位。

通气管：供生活饮用水的水箱，当贮量较大时，宜在箱盖上设通气管，以使箱内空气流通。其管径一般大于、等于 50ram，管口应朝下并设网罩。

人孔：为便于清洗、检修，箱盖上应设人孔。

4. 水箱的布置与安装

水箱间：水箱间的位置应结合建筑、结构条件和便于管道布置来考虑，能使管线尽量简短，同时应有良好的通风、采光和防蚊蝇条件，室内最低气温不得低于 5℃。水箱间的净高不得低于 2.20m，并能满足布管要求。水箱间的承重结构应为非燃烧材料。

水箱的布置：水箱布置间距要求见表 1-16。对于大型公共建筑和高层建筑，为保证其供水安全，宜将水箱分成两格或设置两个水箱。

金属水箱的安装：用槽钢（工字钢）梁或钢筋混凝土支墩支承。为防水箱底与支承接触面发生腐蚀，应在它们之间垫以石棉橡胶板、橡胶板或塑料板等绝缘材料。

水箱底距地面宜有不小于 800mm 的净空高度，以便安装管道和进行检修。

五、气压给水设备

气压给水设备是利用密闭贮罐内空气的可压缩性，进行贮存、调节、压送水量和保持水压的装置，其作用相当于高位水箱或水塔。

1. 分类与组成

气压给水设备按罐内水、气接触方式，可分为补气式和隔膜式两类。按输水压力的稳定状况，可分为变压式和定压式两类。

（1）补气变压式气压给水设备，当罐内压力较小（如为 P1）时，水泵向室内给水系统加压供水，水泵出水除供用户外，多余部分进入气压罐，罐内水位上升，空气被压缩。当压力达到较大时，水泵停止工作，用户所需的水由气压罐提供。随着罐内水量的减少，空气体积膨胀，压力将逐渐降低，当压力降至 P1 时，水泵会再次启动。如此往复，进而实现供水的目的。用户对水压允许有一定波动时，常采用这种方式。

（2）补气定压式气压给水设备。目前，常见的做法，是在上述变压式供水管道上安装压力调节阀7，将调节阀出口水压控制在要求范围内，使供水压力稳定。当用户要求供水压力稳定时，宜采用这种方式。

上述两种方式的气压罐内还设有排气阀，其作用是防止罐内水位下降至最低水位以下后，罐内空气随水流泄入管网。这种气压给水设备，罐中水、气直接接触，在运行过程中，部分气体会溶于水中，气体将逐渐减少，故而罐内压力随之下降，时间稍长，就不能满足设计要求。为保证系统正常工作，需设补气装置。补气的方法很多（如采用空气压缩机补气、在水泵吸水管上安装补气阀、在水泵出水管上安装水射器或补气罐等），这里介绍设补气罐的补气方式，如图 1-36 所示。当气压罐中压力达到 P2 时，电接点压力表指示水泵停止工作，此时补气罐内水位下降，形成负压，进气止回阀自动开启进气。当气压罐内水位下降使压力降至 P1 时，电接点压力表指示水泵开启，补气罐中水位上升，压力升高，进气止回阀自动关闭，补气罐中的空气随着水流进入气压水罐。当补入空气过量时，可通过自动排气阀排除部分空气。

（3）隔膜式气压给水设备。在气压水罐中设置帽形或胆囊形（胆囊形优于帽形）弹性隔膜，将气水分离，这样既使气体不会溶于水中，又使水质不易被污染，补气装置也就不需要设置。

生活给水系统中的气压给水设备，必须要注意水质防护措施。如气压水罐和补气罐内壁应涂无毒防腐涂料，隔膜应用无毒橡胶制作，补气装置的进气口都要设空气过滤装置，采用无油润滑型空气压缩机等。

2.气压给水设备的特点

（1）气压给水设备与高位水箱相比，有如下优点：

灵活性大，设置位置限制条件少，便于隐蔽；便于安装、拆卸、搬迁、扩建、改造，便于管理维护；占地面积少，施工速度快，土建费用低；水在密闭罐之中，水质不易被污染；具有消除管网系统中水击的作用。

（2）气压给水设备的缺点。

贮水量少，调节容积小，一般调节水量为总容积的 15% ～ 35%；给水压力不太稳定，变压式气压给水压力变化较大，可能会影响给水配件的使用寿命；供水可靠性较差。由于有效容积较小，如果一旦因故停电或自控失灵，则断水的概率较大；与其容积相对照，钢材耗量较大；因是压力容器，所以对用材、加工条件、检验手段均有严格要求；耗电较多，水泵启动频繁，启动电流大；水泵不是都在高效区工作，平均效率低；水泵扬程要额外增加 $\Delta P = P_2 - P_1$ 的电耗，这部分是无用功但又是必须的，一般增加 15% ～ 25% 的电耗（因此，推荐采用 2 台以上水泵并联工作的气压给水系统）。

第七章 建筑消防给水系统

工业与民用建筑物，都存在一定程度的火灾险情，为此应按有关规范配备消防设备，减少火灾损失，保障人民生命财产安全。

高层建筑的火灾危险性远远高于低层建筑，所以高层建筑消防应完全立足于自救，且以室内消防给水设备灭火为主。

第一节 建筑消防给水系统的分工

建筑消防给水系统可分为室外消防给水系统和室内消防给水系统，它们之间既有明确的消防职能范围，承担不同的消防任务，又有紧密的衔接性、配合和协同工作关系。

一、室外消防给水系统

1. 消防用水量计算

（1）市、居住区室外消防用水量。

消防用水量与城市人口数量、建筑密度和建筑物的规模有关。随着城市人口数量的增加，建筑密度、建筑规模的增加，灭火难度也要相应提高，所以导致一次消防用水量增大。我国大多数城市消防队第一次出动到达火场，常出两支 19mm 水枪扑救初期火灾，每支水枪的平均出水量在 5L/s 以上，因此，室外消防用水量的起点流量不应小于 10L/s，并以 100L/s 作为一次消防用水量的上限值基本能满足城镇要求，其室外消防用水量为同一时间内的火灾次数和一次灭火用水量的乘积，一般情况下由市政管网供应，而超出上述上限用水量时，宜采用贮水池解决。

（2）工厂、仓库和民用建筑的室外消防用水量。

工厂、仓库和民用建筑的室外消防用水量应按同一时间火灾次数和一次灭火用水量确定。

2. 室外消防管道

室外消防给水管道可采用高压管道、临时高压管道和低压管道。

（1）高压给水系统

管网内经常保持能够满足灭火用水所需的压力和流量，在扑救火灾时，不需要启动消防水泵加压而直接进行灭火的消防给水系统。

例如，一些具备能满足建筑物室内外最大消防用水量及水压要求，并在发生水灾时可直接向灭火设备供水的高位水池等给水系统。

高压给水系统所需的条件苛刻，一般很难做到。城镇、工厂企业有可能利用地势设置高位消防水池，或由于生产需要设置集中高压水泵房的，可采用该系统，但无须刻意追求。

（2）临时高压给水系统

平时水压和流量不满足管网内最不利点灭火的需要，在水泵房（站）内设有消防水泵，可在着火时启动，使管网内的压力和流量达到灭火时要求。

临时高压给水系统是最常用的消防给水系统，一般由消防水池、消防水泵和稳压设施等组成。

采用变频调速水泵恒压供水的生活、生产与消防合用的给水系统，由于启用消防设备时需要消防水泵由变频转换为工频状态或需要启动其他水泵增加管道流量，故属于临时高压给水系统。

（3）低压给水系统

管网内平时的压力较低但不小于 0.1MPa，灭火需要的水压、流量由消防车或其他方式解决。

室外低压给水管道的水压，当生活、生产和消防用水量达到最大时不应小于 0.1MPa（从室外地面算起）。

生产、生活和消防共用给水系统，均应按生产、生活的最大用水量设置，要保证满足最不利点消防用水的水压和水量；城镇、居住区、企业事业单位的室外消防给水管道，在有可能利用地势设置高位水池，或设置集中高压水泵房时，可以采用高压给水系统。在一般情况下，采用临时高压消防给水系统。

对于高层建筑，一般情况下，能直接采用室外高压或临时高压消防给水系统的很少见到。因此，常采用区域（即数幢或几幢建筑物）合用泵房加压或独立（即每幢建筑物设水泵房）的临时高压给水系统，以保证室内消防系统的水压要求。

区域高压或临时高压的消防给水系统，可以采用室外或室内均为高压或临时高压的消防给水系统；也可以采用室内为高压或临时高压，而室外为低压消防给水系统。

3. 消防水源

消防水源，可以是市政或企业供水系统、天然水源或者是专设的消防水池。

（1）市政给水管网供消防用水

城镇、居住区、企业事业单位的室外消防给水，一般均采用低压给水系统（消防时管网中最不利点的供水压力不小于0.1MPa），但为了维护管理方便和节约投资，消防给水管道宜与生产、生活给水管道合并设计和使用。

（2）天然水源作为消防水源，直接供水

我国有些地区天然水源很丰富，且建筑物紧靠天然水源，该情况下可用天然水源作为消防用水水源。天然水源可以是江、河、湖、泊、池、塘等地表水，也可以是地下水。系统采用的天然水源，应符合下列要求：

①水量，确保枯水期最低水位时的消防用水量，即保证常年有足够的水量（一般为25年一遇）。

②水质，消防用水对水质虽无特殊要求，但必须无腐蚀、无污染和不含悬浮杂质，以便保证设备和管道畅通不被腐蚀和污染，被油污染或含有其他易燃、可燃液体的水源不能作为消防水源。

③取水：必须使消防车易于靠近水源，必要时可修建取水码头或回车场等保障设施。消防车取水时的吸水高度不大于6m。当水井作为消防水源时，还应设置探测水井的水位测试装置。

④防冻，寒冷地区应有可靠的防冻措施，使冰冻期内仍能保证消防用水。

（3）消防水池

消防水池是储存消防用水的设施，生活用水、生产用水也往往需要储备，因此除独立设置的消防水池外，还可以合建。

当生产、生活用水量达到最大时，因市政给水管的管径小或区域进水管管径小，以及天然水不能保证供水时，进而导致室内外消防用水量无保障时；市政给水管道为树状或只有一条区域进水管，且消防用水量超过20L/S或建筑高度超过50m时；市政消防给水设计流量小于建筑内外消防给水设计流量时。具有上述情况之一者应设消防水池。

用天然水源供消防用水，当其水位低、水量小或枯水季节不能保证供水时，也应设消防水池。

消防水池的设置应符合下列要求：

①消防水池应设置取水口（井），且吸水高度不应大于6.0m；

②取水口（井）与建筑物（水泵房除外）的距离不宜小于15m；

③取水口（井）与甲、乙、丙类液体储罐等构筑物的距离不宜小于40m；

④取水口（井）与液化石油气储罐的距离不宜小于60m，当采取防止辐射热保护措施时，可为40m。

（4）室外消防给水管道和室外消火栓

①室外消防给水管道的布置要求。室外消防给水管道指从市政给水干管接往居住小区、工厂区和公共建筑物的室外的消防给水管道。

室外消防给水管网应布置成环状，以增加供水的可靠性能；除建筑高度超过54m的住宅外，或室外消火栓设计水量不超过20L/s时，可采用一路外消防供水。

环状管网的输水干管（指环网中承担输水的主要管道）及向环状管网输水的输水管（指市政管网管向小区环网的进水管）均不少于两条，当输水管中一条发生故障后，其余输水管仍应保证供应100%的生产、生活、消防用水量。

管网上应设消防分隔阀门。阀门应设在管道的三通、四通处，三通处设两个、四通处设三个，皆设在下游侧，当两阀门之间消火栓的数量超过5个时，应在管网上应增设阀门。

接市政消火栓的环状给水管网的管径不应小于DN150，枝状管网的管径不宜小于DN200，当城镇人口小于2.5万人时，接市政消火栓的给水管网的管径可适当减少，但使用环状管网时不应小于DN100，使用枝状管网时不宜小于DN150。

②室外消火栓的布置要求。

室外消火栓应沿道路设置，当道路宽度超过60m时，宜在道路两边设置消火栓，并宜靠近十字路口。

甲、乙、丙类液体储罐区和液化石油气罐罐区的消火栓，应设在防火堤外。但距罐壁15m范围内的消火栓，不应计算在该罐可使用的数量内。消火栓距路边不应超过2m，距房屋外墙不宜小于5m。

室外消火栓的间距不应超过120m。

室外消火栓的保护半径不应超过150m；在市政消火栓保护半径150m以内，若消防用水量不超过15L/s时，可不设室外消火栓。

室外消火栓的数量应按室外消防用水量计算决定，且每个室外消火栓的用水量应按10～15L/s计算。

室外地上式消火栓应有一个直径为150mm或100mm和两个直径为65mm的栓口。

室外地下式消火栓应有直径为100mm和65mm的栓口各一个，并有明显的标志。

二、低层建筑消火栓给水系统

对于九层及九层以下的住宅（包括底层设置商业服务网点的住宅）和建筑高度不超过24m的其他民用建筑以及建筑高度超过24m的单层公共建筑（建筑高度为建筑物室外地面到其女儿墙顶部或檐口的高度），单层、多层和高层工业建筑，应按《建筑设计防火规范》（GB 50016 — 2014）设置 DN65 的室内消火栓。

1. 下列建筑或场所应设置室内消火栓系统

（1）建筑占地面积大于 300 ㎡的厂房和仓库。

（2）高层公共建筑和建筑高度大于 21m 的住宅建筑。

注：建筑高度不大于 27m 的住宅建筑，设置室内消火栓系统确有困难时，可只设置干式消防竖管和不带消火栓箱的 DN65 的室内消火栓。

（3）体积大于 5000m³ 的车站、码头、机场的候车（船、机）建筑、展览建筑、商店建筑、旅馆建筑、医疗建筑和图书馆建筑等单、多层建筑。

（4）特等、甲等剧场，超过 800 个座位的其他等级的剧场和电影院等以及超过 1200 个座位的礼堂、体育馆等单、多层建筑。

（5）建筑高度大于 15m 或体积大于 10000m³ 的办公建筑、教学建筑和其他单、多层民用建筑。

2. 不符合上述及符合上述规定同时满足下列条件的建筑或场所，可不设室内消火栓系统，但宜设置消防软管卷盘或轻便消防水龙。

（1）耐火等级为一级、二级且可燃物较少的单层、多层丁、戊类厂房（仓库）。

（2）耐火等级为三级、四级且建筑体积不大于 3000m³ 的丁类厂房；耐火等级为三级、四级且建筑体积不大于 5000m³ 的戊类厂房（仓库）。

（3）粮食仓库、金库、远离城镇且无人值班的独立建筑。

（4）存有与水接触能引起燃烧爆炸的物品的建筑。

（5）室内无生产、生活给水管道，室外消防用水取自储水池且建筑体积不大于 5000m³ 的其他建筑。

3. 国家级文物保护单位的重点砖木或木结构的古建筑，宜设置室内消火栓系统。

4. 人员密集的公共建筑、建筑高度大于 100m 的建筑和建筑面积大于 200 ㎡的商业服务网点内应设置消防软管卷盘或轻便消防水龙。高层住宅建筑的户内宜配置轻便消防水龙。

三、高层建筑室内消火栓给水系统

对于下列新建、扩建和改建的高层建筑及其裙房，适用于《高层民用建筑设计防火规范》（GB50045—2005）。

（1）十层及十层以上的居住建筑（包括首层设置商业服务网点的住宅）。

（2）建筑高度超过 24m 的公共建筑。

对于超过消防车且能够直接有效扑救火灾高度范围的建筑物，其室内任何点火灾的扑救，主要依靠室内消防给水设备来完成。因此，高层和低层消防给水系统的划分主要取决于消防车的供水能力。以消防车靠自带设备能够救火的建筑的最大高度确定。

第二节　低层建筑室内消火栓给水系统

一、室内消防用水量

当建筑物室内设有自动喷水灭火系统、水喷雾灭火系统、泡沫灭火系统或固定消防炮灭火系统等一种或两种以上自动灭火系统全保护时，当高层建筑高度不超过 50m 且室内消火栓设计流量超过 20L/s 时，其室内消火栓设计流量可按表 2-5 减少 5L/s；多层建筑室内消火栓设计流量可减少 50%，但不应少于 10L/s。

室内消火栓灭火系统的用水量与建筑类型、大小、高度、结构、耐火等级和生产性质有关。室内消火栓用水量应根据同时使用水枪数量和充实水柱长度经过计算决定。

二、室内消火栓给水系统的类型

1. 无加压泵和水箱的室内消火栓给水系统

无加压泵和水箱的室内消火栓给水系统，在建筑物高度不大，且室外给水管网的水压和水量在任何时候都能满足室内最不利点消火栓的设计水压和水量时常采用该类型。特点是常高压，消火栓打开即可用。

2. 设有水箱的室内消火栓给水系统

设有水箱的室内消火栓给水系统，常用在水压变化较大的城市和居住区，当生活、生产用水量达到最大时，室外管网不能保证室内最不利点消火栓的压力和流量，而当生活、生产用水量较小时，室内管网的压力又能较高出现，昼夜不间断地满足室内需求。因此，可常设水箱用于调节生活、生产用水量，同时又储存 10min 的消防用水量，10min 后由消防车加压通过水泵接合器进行灭火。生活、生产、消防合用的水箱，应有保证消防用水不作他用的技术措施。水箱的安装高度也应满足室内管网最不利点消火栓水压和水量的要求。

3. 设置消防泵和水箱的室内消火栓给水系统

设置消防泵和水箱的室内消火栓给水系统如图 2-3 所示。当室外给水管网的水压和水量经常不能满足室内消火栓给水系统的水压和水量要求，或室外采用消防水池作为消防水源时，室内应设置消防水泵加压，同时设置消防水箱。其设置高度应保证室内最不利点消火栓的水压，并在消火栓处设置远距离启动消防泵的按钮。

这种给水系统，在生活、生产给水和消防给水中宜分开设置水泵。此时水泵应保证供应生活、生产、消防用水的最大秒流量，并应满足室内管网最不利点消火栓的水压和水量。

消防用水宜与其他用水合用一个水箱，以防水质变坏，但必须有消防用水不被他用的技术措施，以保证消防储水量。

三、室内消火栓给水系统的组成

1. 低层建筑室内消火栓给水系统的组成

低层建筑室内消火栓给水系统通常由四部分组成：

（1）消防供水水源——市政给水管网、天然水源、消防水池；

（2）消防供水设备——消防水箱、消防水泵、水泵接合器；

（3）室内消防给水管网——进水管、水平干管、消防立管等；

（4）室内消火栓——水枪、水带、消火栓、消火栓箱等。

其中，消防水池、消防水箱和消防水泵的设置需根据建筑物的性质、高度以及市政给水的供水情况而定。

2. 室内消火栓给水系统的主要组件

（1）消火栓。

消火栓有单阀和双阀之分，单阀消火栓又分单出口和双出口，双阀消火栓为双出口。一般情况下推荐使用单出口消火栓。单阀双出口消火栓一般情况下不用，特别在高层建筑中，双阀双出口消火栓除用在塔式住宅外，一般不宜采用。栓口直径有 DN50 和 DN65 两种：前者用于每支水枪最小流量为 2.5 ~ 5.0L/s，后者用于每支水枪最小流量大于 5.0L/s。

（2）水带。

常用的水带有麻质水带、帆布水带和衬胶水带，口径有 DN50 和 DN65 两种，长度有 15m、20m 和 25m 三种。

（3）水枪。

一般采用直流式，喷嘴口径有 13m、16m、19m 三种、喷嘴口径 13mm 水枪配 DN50 水带，16mm 水枪可配 DN50 和 DN65 水带，用于低层建筑内。19mm 水枪配 DN65mm 水带，用于高层建筑中。

（4）消防软管卷盘（消防水喉设备）。

消防软管卷盘（消防水喉）是在启用室内消火栓之前供建筑物内一般人员自救初期火灾的消防设施。它由 DN25 的小口径消火栓，内径 19mm 的胶带和口径不小于 6mm 的消防软管卷盘喷嘴组成。

通常将消火栓水枪和水带按要求配套置于消火栓箱内，若需要设置消防软管卷盘时，可按要求配套单独装入一箱内或将以上四种组件装于一个箱内。

（5）水泵接合器

消防水泵接合器是消防队使用消防车从室外水源或市政给水管取水时，向室内管网供水的接口。

水泵接合器一端与室内消防给水管道连接，另一端可供消防车加压向室内管网供水。水泵结合器有地上、地下和墙壁式三种。

四、室内消火栓给水系统的布置及要求

1. 室内消防给水管道

建筑物内的消防给水系统单独设置或与其他给水系统合并，应根据建筑物的性质和使用要求确定。

单独消防系统的给水管一般采用非镀锌钢管（水煤气钢管）或给水铸铁管。而与生活、生产给水系统合用时，要采用镀锌钢管或给水铸铁管。

室内消防给水管道布置要求：

（1）下列消防给水应采用环状给水管网。

①向两栋或两座及以上建筑供水时；

②向两种及以上水灭火系统供水时；

③采用设有高位消防水箱的临时高压消防给水系统时；

④向两个及以上报警阀控制的自动水灭火系统供水时。

室内消火栓超过 10 个且室内消防用水量大于 20L/s 时，室内消防给水管道至少应有两条进水管与室外环状管网连接，并应将室内管道连成环状或进水管与室外管道连成环状。若不满足上述条件时可以布置成枝状。当环状管网的一条进水管发生事故时，其余的进水管应仍能供应全部用水量。

7 至 9 层的单元住宅和不超过 8 户的通廊式住宅，给水管可为枝状，进水管可用一条。

（2）超过 6 层的塔式和通廊式住宅，超过 5 层或体积超过 100000m³ 的其他民用建筑，超过 4 层的厂房和库房，当室内消防竖管为两根或多于两根时，应至少每两根竖管相连组成环状管道。

每条竖管的直径应按最不利点消火栓出水并根据规定的流量确定。根据建筑物的名称和规模（高度、层数、体积等）确定每根竖管最小流量。当每根竖管最小流量分别不小于下列值时：

①5.0L/s 时，按最上 1 层消火栓出水进行计算竖管管径；

②10.0L/s 时，按最上 2 层消火栓出水进行计算竖管管径；

③15.0L/s 时，按最上 3 层消火栓出水进行计算竖管管径；

（3）高层工业建筑室内消防竖管应成环状，且管道的直径应不小于 100mm。

（4）室内消防给水管道应将消防阀门分成若干独立段。某段消防给水管道损坏时，停止使用的消火栓数量每层不应超过 5 个。

当多层建筑及高层工业建筑室内的某段给水管道损坏时，关闭的竖管应不超过 1 条（立管总数超过 3 条时，可关闭不相邻的 2 条）。阀门应经常处于开启状态，并应有明显的启闭标志。

（5）室内消火栓给水管网与自动喷水灭火设备的管网宜分开设置，如有困难应在报警阀前分开设置。

（6）消防用水与其他用水合并的室内管道，当其他用水达到最大秒流量时，应能供应全部消防用水量。但其中淋浴用水量应按计算用水量的 15% 计算，洗刷用水量可不计算在内。

（7）当室外环状给水管网能保证室内消防用水要求时，可直接从室外消防给水管网取水，但应经当地市政部门同意。若室外管网能满足消防流量要求，而不能满足水压要求，需设加压水泵时，消防水泵也可直接从室外消防管网取水，加压后供应室内消防用水，此时可不设置调节水池。

（8）消防引入管上设置的计量装置，不应降低引入管的过水能力。水表的额定流量，应按生活、生产用水量的最高日最大小时流量和消防最大秒流量之和计算，并用生活用水和生产用水平均小时流量的 6% ~ 8% 来校核水表的灵敏度。

水表两侧和水表的旁通管上应设阀门，以确保水表检修时能通过消防用水。若旁通管上的阀门在火警时能自动开启，则水表可按生活用水和生产用水的需要进行选择。

（9）消防给水管要注意管道的防冻。对于敷设在寒冷地区室温低于 4℃ 场所（包括厂房、库房等）的管道，应采取防冻措施。如采用干式系统，在进水管上应设快速开启阀（如蝶阀），管道最高处应设排气阀，最低处应设放空阀，平时将管网放空。

（10）消防管道安装完成后的水压试验压力应为 1.5 倍工作压力，试验压力表应位于系统或试验部分的最低部位。

2. 室内消火栓

（1）室内消火栓的选型应根据使用者，火灾危险性、火灾类型和不同灭火功能等因素综合确定。

（2）室内消火栓的配置应符合下列要求：

①应采用 DN65 室内消火栓。并可与消防软管卷盘或轻便水龙设置在同一箱体内；

②应配置公称直径 65 有内衬里的消防水带、长度不宜超过 25.0m；消防软管卷盘应配置内径不小于直径 19 的消防软管，其长度宜为 30.0m；轻便水龙应配置公称直径 25 有内衬里的消防水带，长度宜为 30.0m；

③宜配置当量喷嘴直径 16mm 或 19mm 的消防水枪，但当消火栓设计流量为 2.5L/s 时宜配置当量喷嘴直径 11mm 或 13mm 的消防水枪；消防软管卷盘和轻便水龙应配置当量喷嘴直径 6mm 的消防水枪。

（3）设置室内消火栓的建筑，包括设备层在内的各层均应设置消火栓。

（4）消防电梯前室应设置室内消火栓，并应计入消火栓使用数量。

（5）建筑室内消火栓的设置位置应满足火灾扑救要求，并应符合下列规定：

①室内消火栓应设置在楼梯间及其休息平台和前室、走道等。明显易于取用，以及便于火灾扑救的位置；

②住宅的室内消火栓宜设置在楼梯间及其休息平台；

③汽车库内消火栓的设置不应影响汽车的通行和车位的设置，并应确保消火栓的开启；

④同一楼梯间及其附近不同层设置的消火栓、其平面位置宜相同；

⑤冷库的室内消火栓应设置在常温穿堂或楼梯间内。

（6）建筑室内消火栓栓口的安装高度应便于消防水龙带的连接和使用，其距地面高度宜为 1.1m；其出水方向应便于消防水带的敷设，并宜与设置消火栓的墙面成 90° 角或向下。

（7）设有室内消火栓的建筑应设置带有压力表的试验消火栓、其设置位置应符合下列规定：

①多层和高层建筑应在其屋顶设置，严寒、寒冷等冬季结冰地区可设置在顶层出口处或水箱间内等便于操作和防冻的位置；

②单层建筑宜设置在水力最不利处，且应靠近出入口。

（8）室内消火栓宜按直线距离计算其布置间距，并应符合下列规定：

①消火栓按 2 支消防水枪的 2 股充实水柱布置的建筑物，消火栓的布置间距不应大于 30.0m。

②消火栓按 1 支消防水枪的干股充实水柱布置的建筑物，消火栓的布置间距不应大于 50.0m。

③消火栓的间距。

室内消火栓间距应由计算确定，并且高层工业建筑，高架库房，甲、乙类厂房，室内消火栓的间距不应超过 30m；其他单层和多层建筑室内消火栓的间距不应超过 50m。

（9）消火栓栓口动压不应大于 0.5MPa，消防水枪充实水柱长度按 10m 计算。厂房、库房和净空高度大于 8m 的民用建筑消火栓栓口不应小于 0.35MPa，消防水枪充实水柱长度按 13m 计算。当消火栓栓口动压大于 0.7MPa 时，必须设置减压装置。

3. 消防水箱

（1）低层建筑物的室外消防给水系统为常高压给水系统，当能保证建筑物内最不利消火栓和自动喷水灭火系统等的水量和水压时，可不设消防水箱。而设置临时高压给水系统的建筑物，应设消防水箱（或气压水罐）。

（2）临时高压消防给水系统的高位消防水箱的有效容积应满足初期火灾消防用水量的要求，并应符合以下规定：

①建筑高度大于 21m 的多层住宅，不应小于 6m³。

②当工业建筑室内消防设计流量小于或等于 25L/s 时，不应小于 12m³。当大于 25L/s 时，不应小于 18m³。

③总建筑面积大于 10 000 ㎡ 且小于 30 000 ㎡ 的商店建筑，不应小于 36m³。大于 30 000 ㎡ 的商店建筑，不应小于 50m³。当与上述①规定不一致时，应取较大值。

（3）消防水箱应设在建筑物的最高部位，且应为重力自流的水箱。水箱最低水位应满足灭火设施最不利点的静水压力，工业建筑不应低于 0.1MPa，多层住宅、建筑体积小于 20 000m 时不宜低于 0.07MPa。

（4）消防用水和其他用水合并的水箱，应有消防用水不作他用的技术措施。

（5）消防水箱应利用生产或生活给水管补水，严禁采用消防水泵补水。

发生火灾后，由消防水泵供给的消防用水，不应进入消防水箱，以保证室内消火栓和自动喷水灭火系统等有足够的水压和水量。为此，在消防水箱的消防用水的出水管上，应设置止回阀，只允许水箱内的水进入消防管网，防止消防管网的水进入水箱。并且，止回阀设置的高度应保证其能正常工作。

4. 消防水池

（1）消防水池的设置条件。具有下列情况之一者应设消防水池：

①当生产、生活用水量达到最大时，且市政给水管网或入户管不能满足室内、室外消防给水设计流量；

②当采用一路消防供水或只有一路入户引入管，且室外消火栓设计流量大于20L/s或建筑高度大于50m时；

③市政消防给水设计流量小于建筑室内外消防给水设计流量。

（2）消防水池的容量应满足在火灾延续时间内消防用水总量的要求。当消防水池有两条补水管，在火灾情况下能连续供水时，消防水池的容量可以减去火灾延续时间内补充的水量，该补水量应按管径较小的补水管计算。如水压不同时，应按补水量较小的补水管计算。当室外给水管网无资料时，补水量可按水池补水管（管径小的一条）管径在流速为1.0m/s时的流量计算。消防水池的最小容量不宜小于36m³。

（3）消防水池的补水时间不宜超过48小时，但缺水地区可延长到96小时。

（4）当消防水池总容量超过500m³时，应分设成两个。

（5）供消防车取水的消防水池应设取水口或取水井，其水深应保证消防车的消防水泵吸入高度不超过6.00m。

取水口或取水井的位置与被保护建筑的外墙距离不宜小于15m；与甲、乙、丙类液体储罐的距离不宜小于40m；与液化石油气储罐的距离不宜小于60m，若有防止辐射热的保护设施时，可减至为40m。

（6）供消防车取水的消防水池，保护半径不应大于150m。

（7）为防止生活、生产水质污染，消防水池一般与生活、生产、工艺用水储水池分开设置。

当消防用水与其他用水共用水池时，应有确保消防用水不被动用的技术措施。还应采取防止水质变坏的措施。

（8）当消防水池是供二幢或二幢以上建筑物的消防用水时，其容量应满足消防用水量较大一幢建筑物的消防用水要求。

（9）当利用游泳池、喷水池、循环冷却水池等专用水池兼作消防水池时，其功能除全部满足上述要求外，还应保持全年有水、不得放空（包括冬季）。

（10）在寒冷地区的室外消防水池应有防冻措施。消防水池必须有盖板，且盖板上须覆土保温；人孔和取水口应设双层保温井盖。

5. 消防水泵

（1）当消防给水管网与生产、生活给水管网合用时，生产、生活、消防水泵的流量应不小于生产、生活最大小时用水量和消防用水量之和。当消防给水管网与生产、生活给水管分别设置时，消防水泵的流量应不小于消防用水量。单台消防水泵的额定流量不应小于10L/s，最大额定流量不应大于320L/s。

（2）消防水泵的扬程应根据在满足消防用水量的前提下，保证最不利点消火栓所需水压值确定。

（3）消防水泵泵组的吸水管不应少于两条，当其中一条损坏时，其余的吸水管应仍能通过全部用水量。高压和临时高压消防给水系统，其每台工作消防水泵应有独立的吸水管。

（4）消防水泵泵组应设不少于两条出水管与消防环状管网连接。当其中一条出水管检修时，其余的出水管应仍能供应全部用水量。消防水泵的压水管上应设止回阀、闸阀（或蝶阀）以及试验和检查用的放水阀门和压力表。当管径大于 DN300 时，应设置电动阀门。放水阀的口径为 DN65。

（5）消防水泵宜采用自灌式引水，在自灌式引水的水泵吸水管上应装设阀门。当水泵从市政管网直接抽水时，应在水泵出水管上设置有空气隔断的导流防止器。

（6）消防水泵所匹配驱动器的功率应满足所选水泵流量扬程性能曲线上任何一点运行所需功率的要求。当采用电动机驱动的消防水泵时，应选择电动机干式安装的消防水泵。

（7）当市政给水管网能满足消防时用水量要求，且市政部门同意水泵可从市政环形干管直接吸水时，消防泵应直接从室外给水管网吸水。

（8）消防水泵应设备用泵，其工作能力不应小于一台主要泵。但符合下列条件之一时，可不设备用泵。

①建筑高度小于 54m 的住宅和室外消防给水设计流量小于 25L/s 的建筑；

②室内消防给水设计流量小于 10L/s 的建筑。

（9）消防水泵应保证在火警后 30s 内开始工作，并与动力机械直接连接以保证在火场断电时仍能正常运转。

（10）水泵吸水管的流速可采用 1 ~ 1.2m/s（DN ＜ 250mm）或 1.2 ~ 1.6m/s（DN≥250mm），水泵出水管的流速可采用 1.5 ~ 2.0m/s。

（11）消防水泵房应设有直通室外的出口，设在楼层上的消防水泵房应靠近安全出口。

（12）消防水泵房宜设有与本单位消防队直接联络的通信设备。

6. 水泵接合器

（1）下列场所的室内消火栓给水系统应设置消防水泵接合器。

①设有消防给水的住宅，超过 5 层的其他多层民用建筑；

②超过 2 层或建筑面积大于 10 000 ㎡的地下或半地下建筑、室内消火栓设计流量大于 10L/s 平战结合的人防工程；

③超过 4 层的多层工业建筑。

（2）设置位置。

①水泵接合器应设在室外便于消防车接近、使用、不妨碍交通的地点。除墙壁式水泵接合器外，距建筑物外墙且应有一定距离，一般不宜小于 5m。

②水泵接合器四周 15 ~ 40m 范围内，应有供消防车取水的室外消火栓或消防水池。

③水泵接合器应与室内消防环网连接，在连接的管段上均应设止回阀、安全阀、闸阀和泄水阀。止回阀用于防止室内消防给水管网的水回流至室外管网，安全阀用于防止管网压力过高。

第三节　高层建筑室内消火栓给水系统

不论何种形式的高层民用建筑，也不论何种情况（不能用水扑救的建筑部位除外）都必须规定在设置室内、室外消火栓给水系统，在此基础上，还应按建筑类别和使用功能再设置其他灭火系统，增加灭火的可靠性和完备性。

高层建筑是指 10 层及 10 层以上的居住建筑（包括首层设置商业服务网点的住宅）和建筑高度超过 24m 的公共建筑，其又可分为一类高层建筑与二类高层建筑。当高层建筑的建筑高度超过 250m 时，建筑设计采取的特殊的防火措施，应提交国家消防主管部门组织进行专题研究、论证。

一、室内消防用水量

（1）高层建筑消火栓用水量，应能满足扑灭火灾的最低要求。根据我国《高层民用建筑防火规范》，不应低于表中规定（应按所需水枪射出的充实水柱长度计算，当小于表中规定值时，采用表中规定值）。

高层建筑的消火栓用水量，包括室内和室外用水量。室内用水量是供室内消火栓用来扑救建筑物初中期火灾的用水量，是保证建筑物消防安全所必需的最小水量；而室外用水量是供室外消防车支援室内扑救火灾时的用水量，控制和扑救高度 50m 以下部分的火灾。所以，计算室外给水管网通过的消防流量时，应为室内外消防流量的总和，但计算室内消防水量时不应将室内外消防流量相加，以免增加室内消防系统的投资。

（2）建筑物内设有消火栓、自动喷水、水幕和泡沫等灭火设备时，其室内消防用水量，应按实际需要同时开启的上述设备用水量之和计算，并应选取实际需要的同时开启设备用水量的最大值，同时可能开启的设备组合有：

①消火栓给水系统加上自动喷水灭火设备；

②消火栓给水系统加水幕消防设备或泡沫灭火设备；

③消火栓给水系统加水幕消防设备和泡沫灭火设备；

④消火栓给水系统加自动灭水设备、水幕消防设备或泡沫灭火设备；

⑤消火栓给水系统加上自动喷水灭火设备、水幕消防设备、泡沫灭火设备。

二、高层建筑室内消火栓给水系统的形式

1. 按管网的服务范围分

（1）独立的室内消火栓给水系统

独立的室内消火栓给水系统，即每幢高层建筑都应设置一个室内消防给水系统。这种系统安全性高，但管理分散，投资也较大。在地震区、人防要求较高的建筑物以及重要建筑物宜采用独立的室内消防给水系统。

（2）区域集中的室内消火栓给水系统

区域集中的室内消火栓给水系统，即数幢或数十幢高层建筑物共用一个泵房的消防给水系统。这种系统便于集中管理，在某些情况下，可节省投资，但在地震区可靠性较低。在有合理规划的高层建筑区，可采用区域集中的高压或临时高压消防给水系统。

2. 按建筑高度分

根据建筑物的高度，消火栓给水系统可分为分区给水方式和不分区给水方式两种消防给水系统。

（1）不分区消防给水系统

建筑高度超过 24m，而不超过 50m 的高层建筑一旦发生火灾时，消防队使用一般消防车从室外消火栓或消防水池取水，通过水泵接合器向室内管道送水，仍可加强室内管网的供水能力，协助扑救室内火灾。因此，当建筑高度不超过 50m，或最低消火栓处的静水压力不超过 0.8MPa 时，可采用不分区给水方式的给水系统。

在有大型消防车的地区，由于该消防车能协助扑救高度达 80m 的建筑的火灾，因此当建筑高度超过 50m 而不超过 80m 时，消防给水系统也可不分区。

（2）分区消防给水系统

符合下列条件时，消防给水系统应分区供水：

①系统工作压力大于 2.4MPa；

②消火栓栓口静压大于 1.0MPa。

3. 按消防给水压力分

高层建筑消防给水系统按压力分为两类：高压消防给水系统和临时高压消防给水系统。

（1）高压消防给水系统

高压消防给水系统又称常高压消防给水系统。这种系统的消防给水管网内经常保持足够的压力，扑灭火灾时，不需使用消防车或其他移动式水泵加压，可直接由消火栓接上水带和水枪灭火。当建筑物或建筑群附近有山丘，与山丘顶上消防水池（标高高于高层建筑一定数值）相连接的消防给水系统可形成高压消防给水系统。

（2）临时高压消防给水系统

①消防给水管网内经常保持足够的消火栓栓口所需的静水压力，压力由稳压泵或气压给水设备等增压设备维持。在水泵房内设有专用高压消防水泵，火灾时启动消防水泵，使管网的压力满足消防水压的要求。对水压的要求同高压消防给水系统。

②消防给水管网内平时水压不高，在水泵房内设有高压消防水泵，发生火灾时启动高压消防水泵，以满足管网消防水压、水量的要求。

4. 按管道联结分

（1）并联给水

给水管网竖向分区，每区分别用各自专用水泵提升供水。它的优点是水泵布置相对集中于地下室或首层，管理方便，安全可靠。缺点是高区水泵扬程较高，需要用耐高压管材与管件，对于高区超过消防车供水压力的上部楼层消火栓，水泵接合器将失去作用。供水的安全性不如串联的好。一般适用于分区不多的高层建筑。如建筑高度在100m以内的高层建筑，或超高层建筑顶部100m以内的高层建筑。

（2）串联给水

竖向各区由水泵直接串联向上或经中间水箱转输再由泵提升的间接串联两种给水方式。它们的优点是不需要高扬程水泵和耐高压的管材、管件，可通过水泵接合器并经各转输泵向高区送水灭火。它的供水可靠性比并联好。缺点是水泵分散在各层，管理不便；消防时下部水泵应与上部水泵联动，安全可靠性较差。一般适用于建筑高度超过100m，消防给水分区超过两个区的超高层建筑。

三、高层建筑室内消火栓给水系统的布置及要求

1. 室内消防给水管道

（1）高层建筑室内消防给水系统，应是独立的高压（或临时高压）给水系统或区域集中的室内高压（或临时高压）消防给水系统，室内消防给水系统不能和其他给水系统合并。

（2）消防管道宜采用非镀锌钢。

（3）室内消防给水管道应布置成环状，可根据建筑体型、消防给水管道和消火栓

布置确定，但必须保证供水干管和每个消防竖管都能做到双向供水。

（4）室内管道的引入管不少于两条，当其中一条发生故障时，其余引入管仍能保障消防用水量和水压的要求，以提高管网供水的可靠性。

（5）室内消火栓给水管网与自动喷水灭火系统应分开设置，其可靠性强。若分开设置有困难时，可合用消防泵，但在自动喷水灭火系统的报警阀前（沿水流方向）必须分开设置，避免互相影响。

（6）消防竖管的布置，应保证同层相邻两个消火栓水枪的充实水柱，同时能达到被保护范围内的任何部位。18层及18层以下，每层不超过8户、建筑面积不超过650㎡的塔式住宅，当设两根消防竖管有困难时，可设一根竖管，但必须采用双阀双出口型消火栓。

（7）消防竖管的直径应按通过流量经计算确定，其最小流量见表2-8。当计算出来的消防竖管直径小于100mm时，应考虑消防车通过水泵接合器往室内管网送水的可能性，仍采用100mm。

（8）高层建筑室内消防给水管道应采用阀门将其分成若干独立段。阀门的布置应使管道在检修时，被关闭的竖管不超过1根。当竖管超过4根时，可关闭不相邻的两根竖管。

与高层主体建筑相连的附属建筑（裙房）内，因阀门关闭而停止使用的消火栓在同层中不超过5个。

（9）室内消防给水管道的阀门应经常处于开启状态，并应有明显的启闭标志，一般常采用明杆闸阀、蝶阀、带关闭指示的信号阀等。

2. 消火栓的设置

（1）高层建筑和裙房的各层（除无可燃物的设备层外）均应设室内消火栓，消火栓应设在明显易取用的地方，消防电梯间前室应设有消火栓，屋顶应设检验用消火栓，在北方寒冷地区，屋顶消火栓应有防冻和泄水装置。

（2）消火栓的出水方向宜向下或与设置消火栓的墙面成90°，离地1.0m，以便于操作。

（3）消火栓的间距不应大于30m，与高层建筑直接相连的裙房不应大于50m，以保证由相邻两个消火栓引出的两支水枪的充实水柱同时达到被保护的任何部位及尽快出水灭火。

（4）高层民用建筑室内消火栓水枪的充实水柱长度应通过水力计算确定，水枪充实水柱长度不应小于13m。

（5）一幢建筑物内，要求主体建筑和与其相连的附属建筑采用同一型号、规格的消火栓和与其配套的水带及水枪，否则上述三者无法配套使用。高层建筑室内消火栓栓口直径应采用消防队通用直径为 65mm 的水带配套，配备的水带长度不应超过 25m，水枪喷嘴口径不应小于 19mm，其目的是使水带、水枪与消防队常用的规格一致，以便于扑救火灾。

（6）消火栓栓口动压不应超过 1.0MPa，且不应小于 0.35MPa。当消火栓栓口出水压力大于 0.5MPa 时，消火栓应设减压装置。

（7）临时高压给水系统，每个消火栓处都应设启动消防水泵的按钮，为防止误启动，要求按钮应有保护设施。

（8）高级旅馆、重要办公楼、一类建筑的商业楼、展览楼、综合楼和建筑高度超过 100m 的其他高层建筑应增设消防卷盘（每套包括卷盘、口径 25mm 的小消火栓，胶带内径不小于 19mm，喷嘴直径不小于 6.0mm），以便于一般工作人员扑灭初期火灾。

3. 消防水箱

消防水箱是保证室内消防给水设备能够扑救初期火灾的有效设施。高层建筑中的消防水箱有屋顶水箱、分区中间水箱、中间转输水箱和分区减压水箱。

（1）采用高压给水系统的高层建筑，可以不设屋顶消防水箱，而对于采用临时高压给水系统（独立设置或区域集中）的高层建筑物，均应设置屋顶消防水箱。

（2）高层和超高层建筑中，在采用串联水泵消防给水时，应设置中间水箱或中间转输水箱。

（3）当系统的工作压力大于 2.4MPa 时，应采用消防水泵串联或减压水箱分区供水的方式。

（4）消防水箱不宜与其他用水的水箱合用，若消防与生活水、生产用水合用水箱，应有确保消防贮水不被他用的技术措施，还要采取防止水质变坏的措施。

（5）高层建筑物内的消防水箱最好采用两个，如果一个水箱检修时，另一个仍可保存必要的消防用水。

（6）消防水箱宜用生活、生产给水管道充水，除串联消防给水系统外，发生火灾时由消防水泵供给的消防用水不应进入高位消防水箱，因此消防水箱的出水管上应设置防止消防水泵的供水进入水箱的止回阀。

（7）水箱的容积

①临时高压给水系统的高位水箱的有效容积应满足下列要求：

一类高层公共建筑，不应小于 36m³，但当建筑高度大于 100m 时，不应小于 50m³，当建筑高度大于 150m 时，不应小于 100m³。二类高层公共建筑和一类高层住宅，不应小于 18m³，当一类高层住宅高度超过 100m 时，不应小于 36m³。二类高层住宅，不应小于 12m³。

②串联给水系统的分区转输水箱，容积不小于 60m³。转输水箱可作为高位水箱。

③分区减压消防水箱：分区减压消防水箱在配管时，应满足进水量大于出水量，故可不考虑消防储水，满足浮球阀件等安装即可，但一般不小于 18m³，且宜分为 2 格。

（8）水箱的设置高度：高位消防水箱的设置高度应保证最不利点消火栓静水压力。一类高层公共建筑，不应低于 0.1MPa，但当建筑高度超过 100m 时，不应低于 0.15MPa。高层住宅、二类高层公共建筑，不应低于 0.07MPa。当高位水箱无法满足上述要求时应设稳压泵。

4. 水泵接合器

（1）高层建筑的室内消火栓给水系统和自动喷水灭火系统均应设水泵接合器。室内消防给水系统采取竖向分区供水时，在消防车供水压力范围内的每个分区均需分别设置水泵接合器。只有采用串联消防给水方式时，才可仅在下区设水泵接合器供全楼使用。

（2）水泵接合器应与室内消防环网连接，连接点应尽量远离固定消防水泵出水管与室内管网的接点。

（3）当采用墙壁式水泵接合器时，其中心高度距室外地坪为 700mm，接合器上部墙面不宜是玻璃窗或玻璃幕墙等易破碎材料，以防火灾发生时，破碎玻璃砸坏水龙带或砸伤消防人员。当必须在该位置设置水泵接合器时，其上部应有有效遮挡保护措施。

（4）当室内消火栓系统和自动喷水灭火系统或不同消防分区的水泵接合器集中布置时，应有明显的标志加以区分。

（5）水泵接合器宜采用地上式，当采用地下式水泵接合器时，应有明显标志。水泵接合器的其他设置要求，同低层建筑消防给水系统的水泵接合器。

5. 消防水泵

（1）在消防水泵设置中，对水泵吸水管和压水管的要求同低层消防给水系统，但是在备用泵的设置上有所不同，高层建筑消火栓给水系统中必须设置备用泵，其工作能力不应小于其中最大一消防泵。选泵所用流量应为水枪实际出流量。

（2）高层建筑消防给水系统应采取防超压措施

水泵的选取及设置上应注意以下几点：

①采用多台水泵并联运行的工作方式；

②选用流量——扬程曲线平缓的水泵作消防水泵；

③在消防水泵的供水管上设置安全阀或其他泄压装置；

④在消防水泵的供水管上设回流管泄压，回流水流入消防水泵吸水池。

（3）当消防水泵房设在首层时，其出口宜直通室外。当设在地下室或其他楼层时，其出口应直通安全出口。

（4）消防水箱的增压水泵的出水量，对消火栓给水系统不应大于 5.0L/s，对自动喷水灭火系统不应大于 1.0L/s，以便于系统消防主泵及时启动供水。

（5）高位水箱无法满足灭火系统最不利点静水压力时应设稳压泵

①稳压泵宜采用离心泵。

②稳压泵的设计流量不应小于消防给水系统管网的正常泄露量和系统自动启动流量。

③稳压泵的设计压力应满足系统自动启动和管网充满水的要求。稳压泵的设计压力应保持系统最不利点处灭火设施在准工作状态时，静水压力应大于 0.15MPa。

④在设置稳压泵的临时高压消防给水系统，应应设置防止稳压泵频繁启停的技术措施。

6. 消火栓的减压

（1）在高层建筑中，消火栓栓口的静水压力不应大于 1.0MPa。当大于 1.0MPa 时，应采取分区给水系统。消火栓栓口的出水压力大于 0.50MPa 时，消火栓处应设减压装置。

（2）当消防系统水泵由下向上供水时，消火栓孔板的减压数值应等于该消火栓距最高消火栓的垂直高度及该消火栓和最高消火栓间管道内的水头损失之和。当由水箱从上向下供水时，等于该消火栓离最高消火栓的垂直距离减去该消火栓和最高消火栓间管道内的水头损失。

（3）在实际工程中，只要求消火栓处的水压力超过 0.5MPa 时才采取减压措施。因此，在确定减压孔板型号时，也就没有必要每层选择的型号都不同。应以设置孔板后消火栓的动水压力不超过 500kPa 和不小于 250kPa 为限，确定必须减压的楼层和孔板型号，这样可避免选用的孔板规格档次太多。

第八章　建筑排水系统

第一节　排水系统的分类、体制和组成

一、排水系统的分类

建筑内部排水系统的任务是把建筑内的生活污水、工业废水和屋面雨、雪水收集起来，有组织地、及时地、畅通地排至室外排水管网、处理构筑物或水体。按照系统排除的污、废水种类的不同，可将建筑内排水系统分为以下几类：

1. 粪便污水排水系统

排除大便器（槽）、小便器（槽）以及与此相似的卫生设备排出的污水。

2. 生活废水排水系统

排除洗涤盆（池）、淋浴设备、洗脸盆、化验盆等卫生器具排出的洗涤废水。

3. 生活污水排水系统

排除粪便污水和生活废水的排水系统。

4. 生产污水排水系统

排除生产过程中被污染较重的工业废水的排水系统。生产污水需经过处理后才允许回用或排放，如含酚污水、含氰污水、酸、碱污水等。

5. 生产废水排水系统

排除生产过程中只有轻度污染或水温提高，只需经过简单处理即可循环或重复使用的较洁净的工业废水的排水系统，如冷却废水、洗涤废水等。

6. 屋面雨水排水系统

排除降落在屋面的雨、雪水的排水系统。

二、排水体制选择

1. 排水体制

建筑内部排水体制分为分流制和合流制两种，分别称为建筑内部分流排水和建筑内部合流排水。

建筑内部分流排水是指居住建筑和公共建筑中的粪便污水和生活废水，工业建筑中的生产污水和生产废水各自由单独的排水管道系统排除。

建筑内部合流排水是指建筑中两种或两种以上的污、废水合用一套排水管道系统排除。

建筑物应设置独立的屋面雨水排水系统，可迅速、及时地将雨水排至室外雨水管渠或地面。

2. 排水体制选择

建筑内部排水体制确定时，应根据污水性质、污染程度、结合建筑外部排水系统体制、有利于综合利用、污水的处理和中水开发等方面的因素考虑。

（1）建筑内下列情况下宜采用生活污水与生活废水分流的排水系统：

①建筑物使用性质对卫生标准要求较高时；

②生活废水量较大，且环卫部门要求生活污水需经化粪池处理后才能排入城镇排水管道时；

③生活废水需回收利用时。

（2）下列建筑排水应单独排水至水处理或回收构筑物：

①职工食堂、营业餐厅的厨房含有大量油脂的洗涤废水；

②机械自动洗车台的冲洗水；

③含有大量致病菌，放射性元素超过排放标准的医院污水；

④水温超过 40℃的锅炉、水加热器等加热设备排水；

⑤用作回用水水源的生活排水；

⑥实验室有害有毒废水。

（3）建筑物雨水管道应单独设置，雨水回收利用应按现行国家标准《建筑与小区雨水利用工程技术规范》。

三、排水系统的组成

建筑内部排水系统的任务是要能迅速通畅地将污水排到室外，并能保持系统气压稳定，同时将管道系统内有害有毒气体排到一定空间而保证室内环境卫生，如图3-1所示。完整的排水系统可由以下部分组成。

1. 卫生器具和生产设备受水器

卫生器具是建筑内部排水系统的起点，用以满足人们日常生活或生产过程中各种卫生要求，并收集和排出污废水的设备。

2. 排水管道

排水管道包括器具排水管（指连接卫生器具和横支管的一段短管，除坐式大便器外，其中含有一个存水弯）、横支管、立管、埋地干管和排出管。

3. 通气管道

建筑内部排水系统是水气两相流动，当卫生器具排水时，需向排水管道内补给空气，以减小气压变化，防止卫生器具水封破坏，使水流通畅，同时也需将排水管道内的有毒有害气体排放到一定空间的大气中去，补充新鲜空气，减缓金属对管道的腐蚀。

4. 清通设备

为疏通建筑内部排水管道，保障排水畅通，需常设检查口、清扫口、带清扫门的90°弯头或三通、室内埋地横干管上的检查井等。

5. 抽升设备

工业与民用建筑的地下室、人防建筑物、高层建筑地下技术层、地下铁道、立交桥等地下建筑物的污废水不能自流排至室外时，常需设抽升设备。

6. 污水局部处理构筑物

当建筑内部污水未经处理不能排入其他管道或市政排水管网和水体时，需设污水局部处理构筑物。

第二节　卫生器具及其设备和布置

卫生器具是建筑内部排水系统的重要组成部分，随着建筑标准的不断提高，人们对建筑卫生器具的功能要求和质量要求越来越高，卫生器具一般采用不透水、无气孔、表面光滑、耐腐蚀、耐磨损、耐冷热、便于清扫、有一定强度的材料制造，如陶瓷、搪瓷生铁、塑料、复合材料等，卫生器具正向着冲洗功能强、节水消声、设备配套、便于控制、使用方便、造型新颖、色彩协调方面发展。

一、卫生器具

1. 便溺器具

便溺器具设置在卫生间和公共厕所，用来收集粪便污水。便溺器具包括便器和冲洗设备。

（1）大便器和大便槽

①坐式大便器，按冲洗的水力原理可分为冲洗式和虹吸式两种。

冲洗式坐便器环绕便器上口是一圈开有很多小孔口的冲水槽。冲洗开始时，水进入冲洗槽，经小孔沿便器表面冲下，使便器内水面涌高，将粪便冲出存水弯边缘。冲洗式便器的缺点是受污面积大、水面面积小，每次冲洗都不一定能保证将污物冲洗干净。

虹吸式坐便器是靠虹吸作用，把粪便全部吸出。在冲洗槽进水口处有一个冲水缺口，部分水从缺口处冲射下来，加快虹吸作用，但虹吸式坐便器在突出冲洗能力强的同时，会造成流速过大而发生较大噪声。为改变这些问题，出现了两种新类型坐便器：一种为喷射虹吸式坐便器，一种为旋涡虹吸式坐便器。

喷射虹吸式坐便器除了部分水从空心边缘孔口流下外，另一部分水从大便器边部的通道 O 处冲下来，由 a 口向上喷射，其特点是冲洗速度快，噪声较小。

旋涡虹吸式坐便器上圈下来的水量很小，其旋转已不起作用，因此在水道冲水出口Q 处，形成弧形水流成切线冲出，形成强大旋涡，将漂浮的污物借助于旋涡向下旋转的作用，迅速下到水管入口处，并在入口底受反作用力的作用，迅速进入排水管道，从而大大加强了虹吸能力，有效地降低了噪声。坐式大便器都自带存水弯。

后排式坐便器与其他坐式大便器不同之处在于排水口设在背后，便于排水横支管敷设在本层楼板上时选用。

②蹲式大便器，一般用于普通住宅、集体宿舍、公共建筑物的公用厕所、防止接触传染的医院内厕所。蹲式大便器的压力冲洗水经大便器周边的配水孔，将大便器冲洗干净，蹲式大便器比坐式大便器的卫生条件好。

蹲式大便器不带存水弯，设计安装时需另外配置存水弯。

③大便槽，一般用于学校、火车站、汽车站、码头、游乐场所及其他标准较低的公共厕所，可代替成排的蹲式大便器，常用瓷砖贴面，造价低。大便槽一般宽200～300mm，起端槽深350mm，槽的末端设有高出槽底150mm的挡水坎，槽底坡度不小于0.015，排水口设存水弯。

（2）小便器，设于公共建筑的男厕所内，有的住宅卫生间内也需设置。小便器有挂式、立式和小便槽三类，其中立式小便器用于标准高的建筑，小便槽用于工业企业、公共建筑和集体宿舍等建筑的卫生间。

2. 盥洗器具

（1）洗脸盆，一般用于洗脸、洗手、洗头，常设置在盥洗室、浴室、卫生间和理发室，也用于公共洗手间或厕所内洗手，医院各治疗间洗器皿和医生洗手等。洗脸盆的高度及深度应适宜，盥洗不用弯腰较省力，不溅水，可用流动水比较卫生，也可作为不流动水盥洗，灵活性较好。洗脸盆有长方形、椭圆形和三角形，安装方式有墙架式、台式和柱脚式。

（2）净身盆，与大便器配套安装，供便溺后洗下身用，更适合妇女或痔疮患者使用。一般用于标准较高的旅馆客房卫生间，也用于医院、疗养院、工厂的妇女卫生室内。

（3）盥洗台，有单面和双面之分，常设置在同时有多人使用的地方，如集体宿舍、教学楼、车站、码头、工厂生活间内。通常采用砖砌抹面、水磨石或瓷砖贴面现场建造。

3. 沐浴器具

（1）浴盆，设在住宅、宾馆、医院等卫生间或公共浴室，供人们清洁身体。浴盆配有冷热水或混合水嘴，并配有淋浴设备。浴盆有长方形、方形，斜边形和任意形；规格有大型（1830mm×810mm×440mm）、中型（1680～1520mm×750mm×410～350mm）、小型（1200mm×650mm×360mm）；材质有陶瓷、搪瓷钢板、塑料、复合材料等，尤其是材质为亚克力的浴盆与肌肤接触的感觉较舒适；根据功能要求有裙板式、扶手式、防滑式、坐浴式和普通式；浴盆的色彩种类很丰富，主要为满足卫生间装饰色调的需求。

随着人们生活水平的提高，具有保健功能的盆型也在逐步普及，如浴盆装有水力按摩装置，旋涡泵使浴水在池内循环搅动，进水口附带吸入空气，气水混合的水流对人体进行按摩，且水流方向和冲力均可调节，能加强血液循环，松弛肌肉，消除疲劳，促进新陈代谢。蒸汽浴也越来越被人们所接受。

（2）淋浴器，多用于工厂、学校、机关、部队的公共浴室和体育场馆内。淋浴器占地面积小，清洁卫生，避免疾病传染，耗水量小，设备费用低。有成品淋浴器，也可现场制作安装。

在建筑标准较高的建筑内的淋浴间内，也可采用光电式淋浴器，利用光电打出光束，使用时人体挡住光束，淋浴器即出水，人体离开时即停水。在医院或疗养院为防止疾病传染可采用脚踏式淋浴器。

4. 洗涤器具

（1）洗涤盆，常设置在厨房或公共食堂内，用作洗涤碗碟、蔬菜等。医院的诊室、治疗室等处也需设置。洗涤盆有单格和双格之分，双格洗涤盆一格洗涤，另一格泄水。洗涤盆规格尺寸有大小之分，材质多为陶瓷，或砖砌后瓷砖贴面，质量较高的为不锈钢制品。

（2）化验盆，常设置在工厂、科研机关和学校的化验室或实验室内，根据需要，可安装单联、双联、三联鹅颈水嘴。

（3）污水盆，又称污水池，常设置在公共建筑的厕所、盥洗室内，供洗涤拖把、打扫卫生或倾倒污水等，多为砖砌贴瓷砖现场制作安装。

二、卫生器具的冲洗装置

在确定卫生器具冲洗装置时，应考虑节水型产品，在公共场所设置的卫生器具，应选用定时自闭式冲洗阀和限流节水型装置。

1. 大便器冲洗装置

（1）坐式大便器冲洗装置，常用低水箱冲洗和直接连接管道进行冲洗。低水箱与坐体又有整体和分体之分，低水箱安装如图 3-19 所示，采用管道连接时必须设延时自闭式冲洗阀。

（2）蹲式大便器冲洗装置，有高位水箱和直接连接给水管加延时自闭式冲洗阀，为节约冲洗水量，有条件时尽量设置自动冲洗水箱，安装如图 3-21 所示。延时自闭式冲洗阀安装同坐式大便器。

（3）大便槽冲洗装置，常在大便槽起端设置自动冲洗水箱，或采用延时自闭式冲洗阀。

2. 小便器和小便槽冲洗装置

（1）小便器冲洗装置，常采用按钮式延时自闭式冲洗阀、感应式冲洗阀等自动冲洗装置，既能满足冲洗要求，又节约冲洗水量。

（2）小便槽冲洗装置，常采用多孔管冲洗，多孔管孔径 2mm，与墙成 45° 角安装，可设置高位水箱或手动阀。为克服铁锈水污染贴面，除给水系统选用优质管材外，多孔管还常采用塑料管。

三、卫生器具的设置和布置

不同功能的住宅和公共建筑中卫生器具的设置数量和质量，将直接体现出建筑物的质量标准。卫生器具除满足使用功能要求外，其材质、造型、色彩需与所在房间协调，力求做到舒适、方便、实用。在布置时应充分考虑节约建筑面积，以及为排水系统管道布置留有余地。因此，卫生器具的设置和布置是建筑排水系统设计中一个重要的组成部分。

1. 卫生器具的设置

卫生器具的设置主要解决不同建筑内应设置卫生器具的种类和数量两个问题。

（1）工业建筑内卫生器具的设置，应根据《工业企业设计卫生标准》并结合建筑设计的要求确定。

①卫生特征 1 级、2 级的车间应设车间浴室；卫生特征 3 级的车间应在车间附近或在厂区设置集中浴室；可能发生化学性灼伤及经皮肤吸收引起急性中毒的工作地点或车间，应设事故淋浴，并应保证不断水。

②女浴室和卫生特征 1 级、2 级的车间浴室，不得设浴池。

③女工卫生室的等候间应设洗手设备及洗涤池。处理间内应设温水箱及冲洗器。

（2）民用建筑内卫生器具的设置。民用建筑分为住宅和公共建筑，住宅分为普通住宅和高级住宅。公共建筑卫生器具设置主要区别在于客房卫生间和公共卫生间。

①普通住宅卫生器具的设置。普通住宅通常需在卫生间和厨房设置必需的卫生器具，每套住宅至少应配置便器、洗浴器、洗面器三件卫生洁具。在厨房内应设置洗涤盆（单格或双格）和隔油具。

②高级住宅卫生器具的设置。高级住宅包括别墅，一般都建有两个卫生间。在小卫生间内通常只设置一个蹲式大便器，在大卫生间内设浴盆、洗脸盆、坐式便器和净身盆；如果只建有一个面积较大的卫生间时，在卫生间内若设置了坐式大便器，则需考虑增设小便器和污水盆。厨房内应设两个单格洗涤盆、隔油具，有的还需设置小型贮水设备。

③公共建筑内卫生器具的设置。客房卫生间内应设浴盆、洗脸盆、坐式大便器和净身盆。考虑到使用方便，还应附设浴巾毛巾架、洗漱用具置物架、化妆板、衣帽钩、洗浴液盒、手纸盒、化妆镜、浴帘、剃须插座、烘手器、浴霸等。

公共建筑内的公共卫生间内常设便溺用卫生器具、洗脸盆或盥洗槽、污水盆等。需要时可增设镜片、烘手器、洗手液盒等。

④公共浴室卫生器具的设置。浴室内一般设有淋浴间、盆浴间，有的淋浴间还设有浴池，但女淋浴间不宜设浴池。淋浴间分为隔断的单间淋浴室和无隔断的通间淋浴室。单间淋浴室内常设有淋浴盆、洗脸盆和躺床。公共淋浴间内应设置冲脚池、洗脸盆及放置洗浴用品的平台。

公共浴室内洗浴器具的数量，一般可根据洗浴器具的负荷能力估算，浴盆2人/（h个），单间淋浴器 2～3 人/（h个），通间淋浴器 4～5 人/（h个），带隔断的单间淋浴器 4～5 人/（h·个），洗脸盆 10～15 人/（h个）。其平面布置既要紧凑，又要合理，应设置出入淋浴间不会相互干扰的通道，如图 3-13 所示。通间淋浴室应尽量避免淋浴者之间相互溅水而影响卫生，淋浴器中心距为 900～1100mm。

2. 卫生器具设置定额

不同建筑内卫生间由于使用情况不同，设置卫生器具的数量也不相同，除住宅和客房卫生间在设计时可统一设置外，各种用途的工业和民用建筑内公共卫生间卫生器具设置定额可按实际需要选用。

3. 卫生器具布置

卫生器具的布置，应根据厨房、卫生间、公共厕所的平面位置、房间面积大小、建筑质量标准、有无管道竖井或管槽、卫生器具数量及单件尺寸等，既要满足使用方便、容易清洁、占房间面积小，还要充分考虑为管道布置提供良好的水力条件，尽量做到管道少转弯、管线短、排水通畅。即卫生器具应顺着一面墙布置，在卫生间、厨房相邻时，应在该墙两侧设置卫生器具，有管道竖井时，卫生器具应紧靠管道竖井的墙面布置，这样会减少排水横管的转弯或减少管道的接入根数。

根据《住宅设计规范》的规定，每套住宅应设卫生间。第四类住宅应设两个或两个以上卫生间，每套住宅至少应配置三件卫生器具。不同卫生器具组合时应保证设置和卫生活动的最小使用面积，避免蹲不下或坐不下、靠不拢等问题。

卫生器具的布置应在厨房、卫生间、公共厕所等的建筑平面图上（大样图）用定位尺寸加以明确。

第三节　排水管材与附件

一、金属管材及管件

建筑内部排水管道应采用建筑排水塑料管或柔性接口机制排水铸铁管及相应管件。

当连续排水温度大于40℃时，应采用金属排水管或耐热型塑料排水管。

压力排水管道可采用耐压塑料管、金属管或钢塑复合管。

1. 铸铁管

（1）排水铸铁管，是目前建筑内部排水系统常用的管材，有排水铸铁承插口直管、排水铸铁双承直管，管径在50～200mm。其管件有弯管、管箍、弯头、三通、四通、瓶口大小头（锥形大小头）、存水弯、检查口等。

近年来为了适应管道施工装配化，提高施工效率，开发出了一些新型排水异型管件，如二联三通、三联三通、角形四通、H形透气管、Y形三通和WJD变径弯头。

（2）柔性抗震排水铸铁管。随着高层和超高层建筑的迅速兴起，一般以石棉水泥或青铅为填料的刚性接头排水铸铁管已不能适应高层建筑各种因素引起的变形，尤其是在有抗震设防要求的地区，对重力排水管道的抗震设防，成为最应重视的问题。

高耸构筑物和建筑高度超过100m的建筑物，排水立管应采用柔性接口；排水立管在 50m 以上，或在抗震设防 8 度地区的高层建筑，应在立管上每隔二层设置柔性接口；在抗震设防 9 度的地区，立管和横管均应设置柔性接口。其他建筑在条件许可时，也可采用柔性接口。

我国当前采用较为广泛的一种柔性抗震排水铸铁管是 CP-1 型。它是采用橡胶圈密封，螺栓紧固，具有较好的曲挠性、伸缩性、密封性及抗震性能，且便于施工安装。

2. 钢管

当排水管道管径小于 50mm 时，宜采用钢管，主要用于洗脸盆、小便器、浴盆等卫生器具与排水横支管间的连接短管，管径一般为 32mm、40mm、50mm。工厂车间内振动较大的地点也可采用钢管代替铸铁管，但应注意分清其排出的工业废水是否会对金属管道造成腐蚀性。

二、排水塑料管

目前，在建筑内使用的排水塑料管是硬聚氯乙烯塑料管（PVC-U 管）。具有重量轻、耐腐蚀、不结垢、内壁光滑、水流阻力小、外表美观、容易切割、便于安装、节省投资和节能等优点。但塑料管也有缺点，如强度低、耐温差（使用温度在 −5℃ ～ ＋50℃）、线性膨胀量大、立管产生噪声、易老化、防火性能差等。排水塑料管通常标注公称外径 De。

排水塑料管的管件较齐备，共有 20 多个品种，70 多个规格，应用非常方便。

在使用塑料排水管道时，应注意以下几个问题：

（1）塑料排水管道的水力条件比铸铁管好，泄流能力大，确定管径时，应使用塑料排水管的参数进行水力计算或查相应的水力计算表；

（2）受环境温度或污水温度变化引起的伸缩长度；

（3）消除塑料排水管道受温度影响引起的伸缩量，通常采用设置伸缩节的办法予以解决，排水立管和排水横支管上伸缩节的设置和安装应符合下列规定。

当排水管道采用橡胶密封配件或在室内采用埋地敷设时，可不设伸缩节。

三、附件

1. 存水弯

存水弯的作用是在其内形成一定高度的水封，通常为 50 ~ 100mm，阻止排水系统中的有毒有害气体或虫类进入室内，从而保证室内的环境卫生。当构造内无存水弯的卫生器具与生活污水管道或其他可能产生有害气体的排水管道连接时，必须在排水口以下设存水弯。存水弯的水封深度不得小于 50mm，严禁采用活动机械密封替代水封。医疗卫生机构内门诊、病房、化验室、试验室等不在同一房间内的卫生器具不得共用存水弯。卫生器具在排水管段上不得重复设置水封。存水弯的类型主要有 S 形和 P 形两种。

S 形存水弯常采用在排水支管与排水横管垂直连接部位。

P 形存水弯常采用在排水支管与排水横管和排水立管不在同一平面位置而需连接的部位。

需要把存水弯设在地面以上时，为满足美观要求，存水弯还有不同类型，如瓶式存水弯、存水盒等。

2. 检查口和清扫口

检查口和清扫口属于清通设备，为了保障室内排水管道排水畅通，一旦堵塞可以方便疏通，因此在排水立管和横管上都应设清通设备。

（1）检查口，一般设置在立管上，铸铁排水立管上检查口之间的距离不宜大于10m，塑料排水立管宜每 6 层设置一个检查口。但在立管的最底层和设有卫生器具的 2 层以上建筑物的最高层应设检查口，当立管水平拐弯或有乙字弯管时应在该层立管拐弯处和乙字弯管上部设检查口。检查口设置高度一般距地面 1m 为宜，并应高于该层卫生器具上边缘 0.15m。

（2）清扫口，一般设置在横管上，在横管上连接的卫生器具较多时，起点应设清扫口（有时用可清掏的地漏代替）。在连接 2 个及 2 个以上的大便器或 3 个及 3 个以上的卫生器具的污水横管、水流转角小于 135° 的铸铁排水横管上，均应设置清扫口。在连接 4 个及 4 个以上的大便器塑料排水横管上宜设置清扫口。排水横管起点的清扫口与其端部相垂直的墙面的距离不得小于 0.2m。排水管起点设置堵头代替清扫口时，堵头与墙面应有不小于 0.4m 的距离。当排水横管悬吊在转换层或地下室顶板下设置清扫口有困难时，可用检查口替代清扫口。污水横管的直线管段上检查口或清扫口之间的最大距离。从污水立管或排出管上的清扫口至室外检查井中心的最大长度。室内埋地横管上设检查口井或可采用密闭塑料排水检查井替代检查口。

在管径小于 100mm 的排水管道上设置清扫口，其尺寸应与管道同径；在管径等于或大于 100mm 的排水管道上设置清扫口，应采用 100mm 直径清扫口。铸铁排水管道上的清扫口应为铜质；塑料排水管道上的清扫口应与管道相同材质。

3. 地漏

地漏是一种特殊的排水装置，一般设置在经常有水溅落的地面、有水需要排除的地面和经常需要清洗的地面（如淋浴间、盥洗室、厕所、卫生间等）。《住宅设计规范》中规定，布置洗浴器和布置洗衣机的部位应设置地漏，并要求布置洗衣机的部位宜采用能防止溢流和干涸的专用地漏或洗衣机排水存水弯，排水管道不得接入室内雨水管道。

地漏应设置在易溅水的卫生器具附近的最低处，其地漏箅子应低于地面 5～10mm，带有水封的地漏，其水封深度不得小于 50mm，直通式地漏下必须设置存水弯，严禁采用钟罩式（扣碗式）地漏。

（1）普通地漏，其水封深度较浅，如果排除溅落水外，还要注意经常注水，以免水封受蒸发破坏。该种地漏有圆形和方形两种供选择，材质为铸铁、塑料、黄铜、不锈钢、镀铬箅子。

（2）多通道地漏，有一通道、二通道、三通道等多种形式，而且通道位置可不同，使用方便，主要用于在卫生间内设有洗脸盆、洗手盆、浴盆和洗衣机时，因多通道可连接多根排水管。这种地漏为防止不同卫生器具排水可能造成的地漏反冒，故设有塑料球可封住通向地面的通道。

（3）存水盒地漏的盖为盒状，并设有防水翼环，可随不同地面做法需要调节安装高度，在施工时将翼环放在结构板上。这种地漏还附有单侧通道和双侧通道，按实际情况选用。

（4）双箅杯式地漏，其内部水封盒用塑料制作，形如杯子，便于清洗，比较卫生，排泄量大，排水快，采用双箅有利于拦截污物。这种地漏另附塑料密封盖，完工后去除，以避免施工时发生泥砂石等杂物堵塞。

（5）防回流地漏，适用于地下室，或用于电梯井排水和地下通道排水用，这种地漏设有防回流装置，可防止污水倒流。一般设有塑料球，或采用防回流止回阀。

淋浴室内每个淋浴器的排水流量为 0.15L/s，排水当量为 0.45。

废水中如夹带纤维或有大块物体，应在排水管道连接处设置格栅或带网筐地漏。

4. 其他附件

（1）隔油具。厨房或配餐间的洗碗、洗肉等含油脂污水，在排入排水管道之前应先通过隔油具进行初步的隔油处理。隔油具一般装设在洗涤池下面，可供几个洗涤池共用。经隔油具处理后的水排至室外后仍应经隔油池处理。

（2）滤毛器和集污器，常设在理发室、游泳池和浴室内，挟带着毛发或絮状物的污水先通过滤毛器或集污器后排入管道，避免堵塞管道。

（3）吸气阀。在使用 PVC-U 管材的排水系统中，当无法设通气管时为保持排水管道系统内压力平衡，可在排水横支管上装设吸气阀。

第四节　排水管道的布置与敷设

一、排水管道布置与敷设的原则

建筑内部排水系统管道的布置与敷设直接影响着人们的日常生活和生产，为创造良好的环境，应遵循以下原则：排水通畅，水力条件好（自卫生器具至排水管的距离应最短，管道转弯应最少）；使用安全可靠，防止污染，不影响室内环境卫生；管线简单，工程造价低；施工安装方便，易于维护管理；占地面积小、美观；同时兼顾到给水管道、热水管道、供热通风管道、燃气管道、电力照明线路、通信线路和共用天线等的布置和敷设要求。

二、排水管道的布置

建筑物内排水管道布置应符合下列要求：自卫生器具至排出管的距离应最短，管道转弯应最少；排水立管应靠近排水量最大和杂质最多的排水点；排水管道不得布置在遇水引起燃烧、爆炸或损坏原料、产品和设备的上面；排水管道不得布置在生产工艺或卫生有特殊要求的生产厂房内，以及食品的贵重商品库、通风小室、电气机房和电梯机房内；排水横管不得布置在食堂、饮食业的主副食操作烹调和备餐的上方，若实在无法避免，应采取防护措施；排水管道不得穿越卧室、病房等对卫生、安静要求较高的房间，不宜靠近与卧室相邻的内墙；排水管道不得穿越生活饮用水池部位的上方；厨房间和卫生间的排水立管应分别设置。

排水管道不得穿过沉降缝、伸缩缝、变形缝、烟道和风道，当受条件限制必须穿过沉降缝、伸缩缝和变形缝时，应采取相应的技术措施。排水埋地管道，不得布置在可能受重压易损坏处或穿越生产设备基础，特殊情况应与有关专业协商处理。

塑料排水立管应避免布置在易受机械撞击处，如不能避免时，应采取保护措施；同时应避免布置在热源附近，如不能避免，且管道表面受热温度大于60℃时，应采取隔热措施。塑料排水立管与家用灶具边净距不得小于0.4m。

住宅卫生间的卫生器具排水管要求不穿越楼板，规范强制规定建筑内部某些部位不得布置管道而受条件限制时，卫生器具排水横支管应设置同层排水。而住宅卫生间同层排水形式应根据卫生间空间、卫生器具布置、室外环境气温等因素，经技术和经济等情况比较后确定。

同层排水设计应符合下列要求：地漏设置应满足规范要求；排水管道管径、坡度和最大设计充满度应符合规定；器具排水横支管布置标高不得造成排水滞留、地漏冒溢等问题；埋设于填层中的管道不得采用橡胶圈密封接口；当排水横支管设置在沟槽内时，回填材料、面层应能承载器具、设备的荷载；卫生间地坪应采取可靠的防渗漏措施。

建筑塑料排水管在穿越楼层、防火墙、管道井井壁时，应根据建筑物性质、管径和设置条件，以及穿越部位防火等级等要求设置阻火圈或防火套管。

三、排水管道的敷设

排水管道一般应在地下或楼板填层中埋设或在地面上、楼板下明设，《住宅设计规范》规定住宅的污水排水横管应设于本层套内（即同层排水），若必须敷设在下一层的套内空间时，其清扫口应设于本层，并应进行夏季管道外壁结露验算，采取相应的防止结露的措施。当建筑或工艺有特殊要求时，可把管道敷设在管道竖井、管槽、管沟或吊顶、架空层内暗设，排水立管与墙、柱应有25～35mm净距，以便于安装和检修。在气温较高、全年不结冻的地区，也可设置在建筑物外墙，但应征得建筑专业同意。

在排水管道连接时，应充分考虑水力条件，符合规定。卫生器具排水管与排水横支管垂直连接时，宜采用90°斜三通；横管与横管、横管与立管连接，宜采用45°三通或45°四通和90°斜三通或90°斜四通，或直角顺水三通和直角顺水四通；当排水支管接入横干管、排水立管接入横干管时，应在横干管管顶或其两侧各45°范围内采用45°斜三通接入；排水立管应避免轴线偏置，若需轴线偏置，宜用乙字管或两个45°弯头连接。

当排水立管采用内螺旋管时，排水立管底部宜采用长弯变径接头，且排出管管径宜放大一号。

排水立管与排出管端部的连接，宜采用两个45°弯头或弯曲半径不小于4倍管径的90°弯头或90°变径弯头。排出管至室外第一个检查井的距离不宜小于3m，检查井至污水立管或排出管上清扫口的距离不大于规定值。

排水立管仅设伸顶通气管时，最低排水横支管与立管连接处距排出管或排水横干管起点管内底的垂直距离，不得小于表3-8的规定，若当与排出管连接的立管底部放大一号管径或横干管比与之连接的立管大一号管径时，可将表中垂直距离缩小一档。

排水横支管连接在排出管或排水横干管上时，连接点距立管底部下游水平距离不得小于1.5m。若靠近排水立管底部的最低排水横支管满足不了要求时，在距排水立管底部1.5m距离之内的排出管、排水横管有90°水平转弯管段时，则底层排水支管应单独排到室外、检查井，或采取有效的防反压措施。

生活饮用水贮水箱（池）的泄水管和溢流管，开水器、热水器排水，医疗灭菌消毒设备的排水，蒸发式冷却器、空调设备冷凝水的排水，贮存食品或饮料的冷藏库房的地面排水和冷风机溶霜水盘的排水不得与污废水管道直接连接，应采取间接排水的方式，设备间接排水应排入邻近的洗涤盆、地漏。如不可能时，可设置排水明沟、排水漏斗或容器。间接排水的漏斗或容器不得产生溅水、溢流，并应布置在易检查、清洁的位置。

凡是生活废水中含有大量悬浮物或沉淀物需经常冲洗；设备排水支管很多，用管道连接有困难；设备排水点的位置不固定；地面需要经常冲洗的情况，可采用有盖的排水沟排除。但室内排水沟与室外排水管道连接处，应设水封装置。

排出管穿过承重墙或基础处，应预留洞口，且管顶上部净空不得小于建筑物沉降量，一般不宜小于0.15m。当排水管穿过地下室外墙或地下构筑物的墙壁处，应采取防水措施。

当建筑物沉降，可能会导致排出管倒坡，应采取防沉降措施。采取的措施有：在排出管外墙一侧设置柔性接头；在排出管外墙处，从基础标高砌筑过渡检查井，如图3-39所示。

排水管道在穿越楼层设套管且立管底部架空时，应在立管底部设支墩或其他固定措施。地下室立管与排水横管转弯处也应设置支墩或固定措施。

第五节　排水通气管系统

一、排水通气管系统的作用与类型

1.排水通气管系统的作用

建筑内部排水管道内呈水气两相流动，要尽可能迅速安全地将污废水排到室外，必须设通气管系统。排水通气管系统的作用是将排水管道内散发的有毒有害气体排放到一定空间的大气中去，以满足卫生要求；通气管向排水管道内补给空气，减少气压波动幅度，防止水封破坏；增加系统排水能力；通气管经常补充新鲜空气，可减轻金属管道内壁受废气的腐蚀，延长管道使用寿命。

2.排水通气管系统的类型

（1）伸顶通气管。排水立管与最上层排水横支管连接处向上垂直延伸至室外作通气用的管道。

（2）专用通气管。仅与排水立管相连接，为排水立管内空气流通而设置的垂直通气管道。

（3）主通气立管。连接环形通气管和排水立管，并为排水横支管和排水立管内空气流通而设置的专用于通气的立管。

（4）副通气立管。仅与环形通气管相连接，为排水横支管内空气流通而设置的专用于通气的管道。

（5）结合通气管。排水立管与通气立管的连接管段。

（6）环形通气管。在多个卫生器具的排水横支管上，从最始端卫生器具的下游端连接至通气立管的一段通气管段。

（7）器具通气管。卫生器具存水弯出口端连接至主通气管的管段。

（8）汇合通气管。连接数根通气立管或排水立管顶端通气部分，并延伸至室外大气的通气管段。

二、排水通气管的设置条件、布置和敷设要求

1. 通气管的设置条件

（1）伸顶通气管。生活排水管道或散发有害气体的生产污水管道的立管顶端，均应设置伸顶通气管。当遇到特殊情况，伸顶通气管无法伸出屋面时，可设置侧墙通气，而侧墙通气管口的布置和敷设应符合通气管布置和敷设的要求；在室内设置成汇合通气管后应在侧墙伸出延伸至屋面以上；当以上两种设置方式都无条件实施时，可设置自循环通气管道系统。

（2）专用通气立管。生活排水立管所承担的卫生器具排水设计流量超过最大排水能力时，应设专用通气管。

建筑标准要求较高的多层住宅、公共建筑、10层及10层以上高层建筑卫生间的生活污水立管应设通气管。

若不设置专用通气管时，可采用特殊配件单立管排水系统。

（3）主通气管或副通气管。建筑物各层的排水横支管上设有环形通气管时，应设置连接各层环形通气管的主通气立管或副通气立管。

（4）结合通气管。凡设有专用通气管或主通气立管时，应设置连接排水管与专用通气管或主通气管的结合通气管。

（5）环形通气管。连接4个及4个以上卫生器具并与立管的距离大于12m的排水横支管；连接6个及6个以上大便器的污水横支管；设有器具通气管的排水管道上。

（6）器具通气管。对卫生、安静要求较高的建筑物内，生活污水宜设置器具通气管。

（7）汇合通气管。在不允许设置伸顶通气管或不可能单独伸出屋面时，可设置将数根伸顶通气管连接后排到室外的汇合通气管。

2. 通气管的布置和敷设

通气管的管材，可采用柔性接口排水铸铁管、塑料管等。

伸顶通气管高出屋面不得小于 0.3m（屋面有隔热层时，应从隔热层板面算起），且必须大于最大积雪厚度，通气管顶端应装设风帽或网罩。经常有人停留的平屋面上，通气管口应高出屋面 2m，当伸顶通气管为金属管材时，并应根据防雷要求考虑防雷装置。通气管口不宜设在屋檐檐口、阳台和雨篷等的下面，若通气管口周围 4m 以内有门窗时，通气管口应高出窗顶 0.6m 或引向无门窗一侧。通气管不得接纳器具污水、废水和雨水，不得接至风道和烟道上。

专用通气立管和主通气立管的上端可在最高卫生器具上边缘以上不小于 0.15m 或检查口以上与排水立管通气部分以斜三通连接，下端应在最低排水横支管以下与排水立管以斜三通连接。结合通气管宜每层或隔层与专用通气管、排水立管连接、与立通气立管、排水立管连接不宜多于 8 层，结合通气管上端可在卫生器具上边缘以上不小于 0.15m 处与通气立管以斜三通连接，下端宜在排水横支管以下与排水立管以斜三通连接，结合通气管可采用 H 形管件替代，其 H 管与通气管的连接点应设在卫生器具上边缘以上不小于 0.15m 处。当污水立管与废水立管合用一根通气管时，H 形管件可隔层分别与污水立管和废水立管连接，且最低排水横支管连接点以下应安装结合通气管。

器具通气管应安装在存水弯出口端。环形通气管应在横支管上最始端卫生器具下游端接出，并应在排水支管中心线以上与排水支管呈垂直或 45° 连接。器具通气管和环形通气管应在卫生器具上边缘以上不少于 0.15m 处，并按不小于 0.01 的上升坡度与通气立管相连接。

自循环通气系统，当采取专用通气立管与排水立管连接时，其顶端应在卫生器具上边缘以上不小于 0.15m 处采用两个 90° 弯头相连，通气立管与排水立管采用结合通气管或 H 管相连，其每层设置的要求如前面述；当采取环形通气管与排水横支管连接时，通气立管顶端应在卫生器具上边缘以上不小于 0.15m 处采用两个 90° 弯头相连，每层排水支管下游端接出环形通气管，应在高出卫生器具上边缘不小于 0.15m 与通气立管相连，横支管连接卫生器具较多且横支管较长并满足设置环形通气管的条件时，应在横支管上按通气管和排水管的连接规定布置和敷设。

建筑物设置自循环通气的排水系统时，宜在其室外接户管的起始检查井上设置管径不小于 100mm 的通气管；当通气管延伸至建筑物外墙时，通气管口周围 4m 以内有门窗时，通气管口应高出窗顶 0.6m 或靠向无门窗一侧；当设置在其他隐蔽部位时，应高出地面不小于 2m。

第九章 建筑热水供应系统

第一节 热水供应系统的分类、组成和热水加热方式

一、热水供应系统的分类及其特点

1. 按热水系统供应范围分类

建筑内部的热水供应该满足建筑内人们在生产或生活中对热水的需要。热水供应系统按热水供应范围的大小，可分为局部热水供应系统、集中热水供应系统和区域热水供应系统三类。

（1）局部热水供应系统

局部热水供应系统一般是利用在靠近用水点处设置小型加热设备（如小型煤气加热器、蒸汽加热器、电加热器、太阳能加热器等）生产热水，供一个或几个配水点使用。这种热水供应系统热水管路短，热损失小，使用灵活、维修管理容易，但热水成本较高，使用不够方便舒适。由于该系统供水范围小，热水分散制备，因此适用于热水用水量较小且较分散的建筑，如单元式住宅、诊所、理发馆等公共建筑和布置较分散的车间、卫生间等工业建筑。

（2）集中热水供应系统

集中热水供应系统中的热水在锅炉房或热交换站集中制备后，通过管网输送至一幢或几幢建筑中使用。该系统供水范围大，热水管网较复杂，设备较多，一次性投资成本高，适用于使用要求高、耗热量大、用水点多且比较集中的建筑，如高级居住建筑、旅馆、医院、疗养院、体育馆、游泳池等公共建筑和布置较集中的工业企业建筑等。

（3）区域性热水供应系统

区域性热水供应系统的热水在热电厂、区域性锅炉房或热交换站集中制备，通过市政热水管网送至整个建筑群、居民区或整个工业企业使用。在城市或工业企业热力网的热水水质符合用水要求且在热力网工况允许时，也可直接从热网取水。该系统供水范围

大，自动化控制技术先进，便于集中统一维护管理和热能的综合利用，但热水管网复杂，热量损失大，设备、附件多，管理水平要求高，一次性投资大。因此，适用于建筑布置较集中、热水用量较大的城市和工业企业。

2. 按热水管网的循环方式分类

为保证热水管网中的水随时保持一定的温度，热水管网除配水管道外，还应根据具体情况和使用要求设置不同形式的回水管道，方便当配水管道停止配水时，使管网中仍维持一定的循环流量，以补偿管网热损失，防止温度降低过多。常用的循环管网和循环方式有以下几种。

（1）全循环热水供应方式

全循环热水供应方式是指热水供应系统中热水配水管网的水平干管、立管及支管均设有相应回水管道确保热水的循环，各配水龙头随时打开均能提供符合设计水温要求的热水。该系统设有循环水泵，用水时不存在使用前放水和等待时间，适用于高级宾馆、饭店、高级住宅等高标准建筑中。

（2）半循环热水供应方式

半循环热水供应方式又分为立管循环热水供应方式和干管循环热水供应方式。

立管循环热水供应方式是指热水干管和热水立管内均保持有热水的循环，打开配水龙头时，只需放掉热水支管中少量的存水，就能获得规定水温的热水。该方式多用于设有全日供应热水的建筑和设有定时供应热水的高层建筑中。

干管循环热水供应方式是指仅保持热水干管内的热水循环。在热水供应前，先用循环水泵把干管中已冷却的存水循环加热，当打开配水龙头时，只需放掉立管和支管内的冷水即可流出符合要求的热水。该系统多用于定时供应热水的建筑中。

（3）无循环热水供应方式

无循环热水供应方式是指热水供应系统中热水配水管网的水平干管、立管、配水支管都不设立任何回水管道。对于热水供应系统较小、使用要求不高的定时供应系统，如公共浴室、洗衣房等均可采用此种供水方式。

3. 按热水管网循环动力分类

热水供应系统中根据循环动力的不同可分为自然循环方式和机械循环方式。

（1）自然循环热水供应方式

自然循环方式是利用配水管和回水管中的水的温差所形成的压力差，使管网内维持一定的循环流量，来补偿配水管道的热损失，保证用户对热水温度的要求。这种方式适用于热水供应系统小，用户对水温要求不严格的系统中。

（2）机械循环热水供应方式

机械循环方式是在回水干管上设循环水泵强制一定量的水在管网中循环，来补偿配水管道热损失，保证用户对热水温度的要求。这种方式适用于大、中型且用户对热水温度要求严格的热水供应系统。

4. 按热水供应系统是否敞开分类

热水供应方式按热水系统是否与大气相通可分为开式和闭式两类。

（1）开式热水供应方式

开式热水供应方式一般是在管网顶部设有开式水箱，管网与大气相通，系统内的水压仅取决于水箱的设置高度，但不受室外给水管网水压波动的影响。所以，当用户对水压要求稳定，室外给水管网水压波动较大时宜采用开式热水供应方式。

（2）闭式热水供应方式

闭式热水供应方式中管网不与大气相通，冷水直接进入水加热器。为确保系统的安全运转，系统中应设安全阀，有条件时还可加设隔膜式压力膨胀罐或膨胀管。闭式热水供应方式具有管路简单，水质不易受外界污染的优点，但供水水压稳定性较差，适用于不安装屋顶水箱的热水供应系统。

5. 按热水管网运行方式分类

热水供应系统根据热水供应的时间可分为全日供应和定时供应方式。

（1）全日供应方式

全日供应方式是指热水供应系统管网中在全天任何时刻都维持不低于循环流量的水量在进行循环，热水配水管网全天任何时刻都可配水，并保证水温。医院、疗养院、高级宾馆等都可采用全日供应方式。

（2）定时供应方式

定时供应方式是指热水供应系统每天定时配水，其余时间系统停止运行，该方式在集中使用前，利用循环水泵将管网中已冷却的水强制循环加热，达到规定水温时再使用。这种供水方式适用于每天定时供应热水的建筑，如居民住宅、旅馆和工业企业中。

选用何种热水供应方式主要根据建筑物所在地区热力系统完善程度和建筑物使用性质、使用热水点的数量、水量和水温等因素进行技术和经济比较后再确定。

二、热水供应系统的组成

建筑内热水供应系统中以集中热水供应系统的使用较为普遍，如图4-6所示是以蒸汽为热媒的集中热水系统。集中热水供应系统一般由下列部分组成。

1. 热水制备系统（第一循环系统）

热水制备系统即集中热水供应系统中，蒸汽锅炉与水加热器或热水锅炉（机组）与热水储水器之间组成的热媒循环系统。当使用蒸汽为热媒时，锅炉产生的蒸汽（或过热水）通过热媒管网输送到水加热器，经散热面加热冷水。

蒸汽经过热交换后变成冷凝水，靠余压经疏水器流至冷凝水池，冷凝水和新补充的软化水经冷凝水循环泵再送回锅炉加热后变成蒸汽，如此循环往复完成热的传递作用。对于区域性热水供应系统不需要设置锅炉，水加热器的热媒管道和冷凝水管道直接与热力管网相连接。

2. 热水供水系统（第二循环系统）

热水供水系统由热水配水管网和回水管网组成。被加热到设计要求温度的热水，从水加热器出口经配水管网送至各个热水配水点，而水加热器所需的冷水则由高位水箱或给水管网补给。为满足各热水配水点随时都有设计要求温度的热水，在立管和水平干管甚至配水支管上设置回水管，使一定量的热水在配水管网和回水管网中流动，以补偿配水管网所散失的热量，避免热水温度过低。

3. 附件

由于热媒系统和热水供水系统中控制、连接的需要，常常使用附件，有自动温度调节装置、疏水器、减压阀、安全阀、膨胀罐（箱）、管道自动补偿器、闸阀、水嘴、自动排气器等。

三、热水加热方式

根据热水加热方式的不同有直接加热和间接加热之分。

直接加热方式也称一次换热方式，是利用燃气、燃油、燃煤为燃料的热水锅炉，把冷水直接加热到所需的热水温度，或者是将蒸汽（或高温水）通过穿孔管或喷射器直接与冷水接触混合制备热水。这种方式设备简单、热效率高、节能，但噪声大，对热媒质量要求高，不允许造成水质污染。该方式仅适用于有高质量的热媒、对噪声要求不严格的公共浴室、洗衣房、工矿企业等用户。

间接加热方式也称二次换热方式，是将热媒通过水加热器把热量传递给冷水达到加热冷水的目的，在加热过程中热媒与被加热水不直接接触。该方式的优点是回收的冷凝水可重复利用，只需对少量补充水进行软化处理，运行费用低，噪声小，蒸汽不会对热水造成污染，供水安全可靠。适用于要求供水安全、稳定，噪声要求低的旅馆、住宅、医院、办公楼等建筑。

第二节　热水用水量定额、水温和水质

一、热水用水量定额

生活用热水量定额有两种：一种是根据建筑物的使用性质和内部卫生器具的完善程度，用单位数来确定的，其水温按 60℃计算；另一种是根据建筑物使用性质和内部卫生器具的单位用水量来确定的，即卫生器具 1 次和 1h 的热水用水定额，根据卫生器具的功用不同，其水温要求也不同。

生产用热水量定额根据生产工艺要求来确定。

二、热水水温

1. 热水使用温度

生活用热水水温应该满足生活使用的各种需要，一般常使用的热水水温见表 4-2 中各卫生器具的热水混合水温。但是，当设计一个热水供应系统时，要先确定出最不利配水点的热水最低水温，使其与冷水混合达到生活用热水的水温要求，并以此作为设计计算的参数。

生产用热水水温应根据工艺要求确定。

2. 热水供应温度

热水锅炉或水加热器出口的水温按表 4-3 确定。水温偏低，满足不了需求；水温过高，会使热水系统的设备、管道结垢加剧，且易发生烫伤、积尘、热损失增加等问题。热水锅炉或水加热器出口水温与系统最不利配水点的水温差称为降温值，一般不大于 10℃，用作热水供应系统配水管网的热损失。降温值的选用应根据系统的大小、保温材料的不同，进行经济技术比较后确定。

3. 冷水计算温度

热水系统计算时使用的冷水水温应以当地最冷月平均水温资料来确定。

三、热水水质

1. 热水使用的水质要求

生活用热水的水质应符合我国现行的《生活饮用水卫生标准》，生产用热水的水质应根据生产工艺要求确定。

2. 集中热水供应系统被加热水的水质要求

水在加热后水中的钙镁离子受热析出，在设备和管道内结垢；水中的溶解氧也会因受热逸出，加速金属管材的腐蚀。因此，集中热水供应系统的被加热水，应根据水量、水质、使用要求、工程投资、管理制度以及设备维修和设备折旧率计算标准等多种因素，来确定是否需要进行水质处理。一般情况下，洗衣房日用热水量大于、等于 $10m^3$（按 60℃计算）且原水总硬度（以碳酸钙计）大于 300mg/L 时，洗衣房用热水应进行水质软化处理；原水总硬度（以碳酸钙计）为 150 ~ 300mg/L 时，应进行水质软化处理。其他生活日用热水量大于、等于 $10m^3$（按 60℃计算）且原水总硬度（以碳酸钙计）大于 300mg/L 时，应进行水质软化或稳定处理。经软化处理后的水质总硬度宜为：洗衣房用水 50 ~ 100mg/L；其他用水 75 ~ 150mg/L。另外，系统对溶解氧控制要求较高时，还需采取除氧措施。

目前，在集中热水供应系统中常采用超强磁水器、静电除垢器、电子水处理器、碳铝离子水处理器、防腐消声水处理器等物理水处理装置以及用化学药剂如归丽晶等进行水质处理。使用时，应根据水的硬度、适用流速、温度、作用时间或有效长度及工作电压等综合考虑。

第三节 热水供应系统的管材和附件

一、热水供应系统的管材和管件

热水供应系统管材的选择应慎重，主要考虑保证水质和安全可靠、经济合理。采用的管材和管件应该符合现行产品标准的要求。管道的工作压力和工作温度不得大于产品标准标定的允许工作压力和工作温度。热水管道应选用耐腐蚀和安装连接方便可靠的管材，可采用薄壁铜管、薄壁不锈钢管、塑料热水管、塑料和金属复合热水管等。

当采用塑料热水管或塑料和金属复合热水管时应符合下列要求：管道的工作压力应按照相应温度下的许用工作压力选择；设备机房内的管道不应采用塑料热水管。另外，定时供应热水系统不宜采用塑料热水管。

不同种类的管材配有相应的管件，其规格和型号与管材配合使用。

二、热水供应系统中的主要附件

热水供应系统除需要装置必要的检修阀门和调节阀门之外，还需要根据热水系统供应方式装置若干附件，以便解决热水膨胀、系统排气、管道伸缩等问题以及控制系统的热水温度，从而确保系统安全可靠的运行。

1. 自动温度调节装置

为了节能节水、安全供水，所有的水加热器应设自动温度调节装置。可采用直接式自动温度调节器或间接式自动温度调节器。直接式自动温度调节器的构造原理，其温度调节范围有 0℃ ~ 50℃、20℃ ~ 70℃、50℃ ~ 100℃、70℃ ~ 120℃、100℃ ~ 150℃、150℃ ~ 200℃等温度等级，公称压力为 1.0MPa。适用于温度为 20℃ ~ 150℃的环境内使用，其安装方法。安装时必须直立安装，通过温度探测部分（一般为温包），把感受到的温度变化传导给安装在热媒管道上的调节阀，自动控制热媒流量而起到自动调温的作用。

间接式自动温度调节器是由温包、电触点温度计、阀门电机控制箱等组成的。温包把探测到的温度变化传导到电触点压力式温度计，在电触点压力式温度计上装有所需温度控制范围内的两个触点，当指针转到大于水加热器出口所规定的温度触点时，即启动电机关小阀门，减少热媒流量，降低水加热器出口水温；当指针转到低于规定的温度触点时，即启动电机开大阀门，增加热媒流量，升高水加热器出口水温。

2. 减压阀

热水供应系统中当热交换设备以蒸汽为热媒时，若蒸汽压力大于热交换设备所能承受的压力时，应在蒸汽管道上设置减压阀，把蒸汽压力减至热交换设备允许的压力值，以保证设备运行安全。减压阀的工作原理是流体通过阀体内的阀瓣产生局部能量损耗而减压。供蒸汽介质减压常用的有活塞式、膜片式、波纹管式等几种类型的减压阀。

3. 安全阀

为避免压力超过规定的范围而造成管网和设备等的破坏，应在系统中装设安全阀。在热水供应系统中应采用微启式弹簧安全阀。

安全阀的选择应注意以下事项：

（1）各种安全阀的进口与出口公称直径均相同；

（2）法兰连接的单弹簧或单杠杆安全阀阀座的内径，一般较其公称直径小一号；

（3）设计中应注明使用压力范围；

（4）安全阀的蒸汽进口接管直径不应小于其内径；

（5）安全阀通入室外的排气管直径不应小于安全阀的内径，且不得小于 40mm；

（6）安全阀的开启压力一般为系统工作压力 p 的 1.05 倍，即 1.05pkPa。

安全阀应垂直安装，尽可能地装在锅炉、水加热器和管路的最高处。用于锅炉、水加热器和热水罐等设备、容器上的安全阀，一般均应安装排气管并通至室外，以防排气时伤人，排气管管径不应小于阀座内径。排气管上不得装设任何闭路配件，以保证排汽畅通。另外，弹簧式安全阀应有提升把手和防止随意拧动调整螺丝的装置。

4. 疏水器

为保证热媒管道汽水分离，蒸汽畅通，不产生汽水撞击、延长设备使用寿命，用蒸汽作热媒间接加热的水加热器、开水器的凝结水回水管上应每台设备设疏水器，当水加热器的换热能确保凝结水回水温度小于、等于 80℃时，可以不装疏水器。蒸汽立管最低处、蒸汽管下凹处的下部宜设疏水器。疏水器口径经计算确定，其前应安装过滤器，其旁不宜附设旁通阀。疏水器根据其工作压力可分为低压和高压，热水系统中常采用高压疏水器。疏水器的种类较多，常用的有机械型吊桶式疏水器和热动力型圆盘式疏水器。

机械型吊桶式疏水器的工作原理是：动作前吊桶下垂，阀孔开启，吊桶上的快速排气孔也开启。当凝结水进入后，吊桶内、外的凝结水由阀孔排出。一旦凝结水中混有蒸汽进入疏水器，吊桶内的双金属片受热膨胀而把吊桶上的孔眼 4 关闭。进入疏水器中的蒸汽越多，吊桶内充气也越多，疏水器内逐渐增多的凝结水会浮起吊桶。吊桶上浮，关闭了阀孔，即阻止蒸汽和凝结水排出。随着吊桶内蒸汽因散热变为冷凝水时，吊桶内双金属片又收缩而打开吊桶孔眼，吊桶内的充气被排放，吊桶下落而开启阀孔排放凝结水。如此反复间歇工作，起到疏水阻气的作用。

热动力型圆盘式疏水器的工作原理是利用进入阀体的蒸汽和凝结水，对阀片 3 上下两边产生的压力差而使阀片升、落，达到排出凝结水，阻止蒸汽流出的作用。

疏水器的具体选用型号可根据安装疏水器前、后的压差及排水量等参数按产品样本来确定。同时考虑当蒸汽的工作压力小于、等于 0.6MPa 时，可采用机械型吊桶式疏水器；当蒸汽的工作压力小于、等于 1.6MPa，且凝结水温度 t≤100℃时，可采用热动力型圆盘式疏水器。

疏水器的安装位置应便于检修，并尽量靠近用气设备，安装高度应低于设备或蒸汽管道底部 150mm 以上，以便凝结水排出。疏水器一般不装设旁通管，但对于特别重要的加热设备，如不允许短时间中断排除凝结水或生产上要求速热时，可以考虑装设旁通管。旁通管应在疏水器上方或同一平面上安装，避免在疏水器下方安装。

5. 自动排气阀

水在加热过程中会逸出原溶解于水中的气体和管网中热水汽化的气体，如不及时排除，这些气体不但阻碍管道内的水流、加速管道内壁的腐蚀，还会引起噪声、振动。为了使热水供应系统能正常运行，可在热水管道积聚空气的地方安装自动排气阀达到这一目的。

自动排气阀的构造如图 4-14 所示，其工作原理大都是依靠水对浮体的浮力，通过杠杆机构的传动，使排气孔自动启闭，起到自动阻水排气作用。当阀体内无气体时，水将浮体浮起，通过杠杆机构将排气孔关闭；当气体从管道进入阀体后，气体将水面压下去，浮体浮力减小，浮体依靠自重下落，排气孔开启，使气体自动排出。气体排除后，水又将浮体浮起，排气孔重新关闭，如此循环往复工作。

自动排气阀按管网的工作压力来选定，当系统工作压力 $p \leq 2 \times 10^5 Pa$ 时，应选用排气孔径 $d = 2.5mm$ 的阀座；当系统工作压力 $p = 2 \times 10^5 \sim 4 \times 10^5 Pa$ 时，应选用排气孔径 $d = 1.6mm$ 的阀座。

自动排气阀应安装在管网的最高处，以利于管内气体的汇集和排除。阀体应垂直安装，阀与管网之间的连接横管应朝阀体保持一定的向上坡度。另外，自动排气阀前应设检修阀门，以便维护检修。

第四节　加热设备

一、加热设备的类型

热水系统中，将冷水加热为设计需要温度的热水，通常采用加热设备来完成。

1. 小型锅炉

集中热水供应系统采用的小型锅炉有燃煤、燃油和燃气三种。

燃煤锅炉有卧式和立式两类。卧式锅炉有外燃式水管锅炉、内燃式火管（兰开夏）锅炉、快装卧式内燃锅炉等。立式锅炉有横水管锅炉、横火管（考克兰）锅炉、直水管锅炉、弯水管锅炉等。其中，快装卧式内燃（KZG 型）锅炉效率较高，而且可汽、水两用，具有体积小和安装方便等优点。

燃油（燃气）锅炉构造，通过燃烧器向正在燃烧的炉膛内喷射雾状油（或煤气），燃烧迅速、完全。该类锅炉具有构造简单、体积小，热效率高达 90% 以上，排污总量少，便于管理等优点。对环境卫生有一定要求的建筑物可考虑使用。

2. 电加热器

常用电加热器可分为快速式电加热器和容积式电加热器。快速式电加热器无储水容积或储水容积较小，不需要预热，可随时产出一定温度的热水，使用方便、体积小。容积式电加热器具有一定的贮水容积，使用前需预热，当贮备水达到一定温度后才能使用，其热损失较大，但要求功率较小。

3. 容积式水加热器

容积式水加热器是一种间接式加热设备，有卧式和立式两种，其内部设有换热管束并具有一定贮热容积，具有加热冷水和贮备热水两种功能，以饱和蒸汽或高温水为热媒。

容积式水加热器的优点是具有较大的储存和调节能力，被加热水流速低，压力损失小，出水压力稳定，出水水温较均衡，供水较安全；该加热器的缺点是传热系数小，热交换效率较低，体积庞大，在散热管束下方的常温储存水中会产生军团菌等。

4. 快速式水加热器

快速式水加热器中，热媒与冷水均以较高流速流动进行紊流加热，提高热媒对管壁、管壁对被加热水的传热系数，以改善传热效果。

根据采用热媒的不同,快速式水加热器有汽-水（蒸汽和冷水）、水-水（高温水和冷水）两种类型；由于加热导管的构造不同，所以有单管式、多管式、板式、管壳式、波纹板式、螺旋板式等多种不同形式。

快速式水加热器具有效率高、体积小、安装搬运方便的优点，缺点是不能贮存热水，水头损失大，在热媒或被加热水压力不稳定时，出水温度波动较大，所以仅适用于用水量大，而且比较均匀的热水供应系统或建筑物热水采暖系统。

5. 半容积式水加热器

半容积式水加热器是带有适量贮存和调节容积的内藏式容积式水加热器，其构造由贮热水罐、内藏式快速换热器和内循环泵三个主要部分组成。其中贮热水罐与快速换热器隔离，被加热水在快速换热器内迅速加热后，通过热水配水管进入贮热水罐，当管网中热水用水低于设计用水量时，热水的一部分落到贮罐底部，与补充水（冷水）一起经循环水泵升压后再次进入快速换热器内加热。

我国开发研制的 HRV 型半容积式水加热器装置的工作系统，它取消了内循环泵，被加热水进入快速换热器迅速加热，然后先由下降管强制送至贮热水罐的底部，再向上流动，以保持贮罐内的热水温度相同。

6. 半即热式水加热器

半即热式水加热器是带有超前控制，且具有少量贮存容积的快速式水加热器。

热媒经控制阀和底部入口通过立管进入各并联盘管，冷凝水由立管后从底部流出，冷水从底部经孔板入罐，同时有少量冷水进入分流管。入罐冷水经转向器均匀进入罐底并向上流过盘管得到加热，热水由上出口流出。部分热水在顶部进入感温管开口端，冷水以与热水用水量成比例的流量由分流管同时进入感温管，感温元件读出瞬间感温管内的冷、热水平均温度，即向控制阀发出信号，按需要调节控制阀，以保持所需的热水输出温度。只要一有热水需求，热水出口处的水温尚未下降，感温元件就能发出信号开启控制阀，具有预测性。加热盘管内的热媒由于不断改向，加热时盘管颤动，形成局部紊流区，属于"紊流加热"，因此传热系数大，换热速度快，又具有预测温控装置，所以其热水贮存容量小，仅为半容积式水加热器的1/5。同时，加热盘管为多组多排螺旋形薄壁铜制盘管组成，由于其内外温差作用，加热时产生自由伸缩膨胀，可使传热面上的水垢自动脱落。

半即热式水加热器具有快速加热被加热水，浮动盘管自动除垢的优点，其热水出水温度一般可控制在 ±2.2℃内，且体积小，节省占地面积，适用于各种不同负荷需求的机械循环热水供应系统。

二、加热设备的选择

加热设备应根据使用特点、耗热量、热源、维护管理及卫生防菌等因素进行选择。它应当具备热效率高、换热效果好、节能、燃料燃烧安全、消烟除尘、机组水套通大气、自动控制温度、火焰传感、自动报警等功能，并要考虑节省设备用房。附属设备简单、生活热水侧阻力损失小，有利于整个系统冷、热水压力的平衡以及构造简单，安全可靠，操作维修方便等。

选用水加热设备应遵循下列原则：当采用自备热源时，宜采用一次加热直接供应热水的燃油、燃气等燃料的热水机组；也可采用二次加热间接供应热水的自带换热器的热水机组或外配容积式、半容积式水加热器的热水机组。间接水加热设备的选型应结合用水均匀性、贮热容积、给水水质硬度、热媒的供应能力及系统对冷、热水压力平衡稳定的要求及设备所带温控安全装置的灵敏度、可靠性等进行综合技术和经济比较后确定。

当采用蒸汽或高温水为热源时，在条件允许的情况下应尽可能利用工业余热、废热、地热。加热设备宜采用导流型容积式水加热器、半容积式水加热器。若热源充足且有可靠灵敏的温控调节装置，也可采用半即热式、快速式水加热器。

在无蒸汽、高温水等热源和无条件利用燃气、燃油等燃料而电能又充沛的地方可采用电热水器。

当热源是利用太阳能时，宜采用集热管、真空管式太阳能热水器。

第五节　热水供应系统的布置、敷设

一、锅炉房的布置

（1）高压锅炉不宜设在居住和公共建筑内，宜设在单独建筑物中，否则应征得消防、锅炉监察和环保部门的同意，并应符合防火规范的有关规定。

（2）应尽量按照工艺流程合理布置设备，使之便于操作和检修。

（3）应考虑扩建和分期建筑的可能性和合理性，一般宜留出扩建端，辅助房间应布置在固定端。

（4）对直水管和横火管锅炉，应留有清扫和更换管束的操作面积。

（5）鼓风机、引风机及水泵的布置，应尽量减少其振动和噪声对操作人员和仪表的影响，必要时鼓风机和引风机可以露天布置，但必须考虑防晒、防腐、保温（引风机）等防护措施。

（6）锅炉房应便于排水，防止污水、雨水倒灌，要有良好的通风和照明。

二、水加热器和贮水器的布置

（1）水加热器和贮水器可设在锅炉房或单独房间内，也可与互相无不利影响的其他设备布置在同一房间内。

（2）水加热器和贮水器的一侧应有净宽不小于 0.7m 的通道，水加热器前端应有抽出加热排管或管束的空间和放置检修加热排管或管束的操作面。若布置有困难，可在前端墙上留出检修洞（平时可砌封），其尺寸应能通过加热排管和管束并不得小于 1.2m×1.0m（宽×高）。

（3）水加热器和贮水器上部附件的最高点至建筑结构最低点的净距应便于检修，但不得小于 0.2m，且房间净高不得低于 2.2m。

（4）水加热器和贮水器间的净距应不小于 0.7m。

（5）安装水加热器和贮水器房间的门窗或安装洞尺寸，应考虑设备进出的可能性。房间应便于排水，防止污水、雨水倒灌，并应有良好的通风和照明。

三、热水管网的布置与敷设

热水管网的布置和敷设，除了满足给（冷）水管网布置敷设的要求外，如前所述，还应该注意因水温高而引起的体积膨胀、管道伸缩补偿、保温、防腐、排气等问题。

根据水平干管的敷设位置，热水管网的布置形式可采用上行下给式（其水平干管敷设在建筑物最高层吊顶或专用设备技术层内）或下行上给式（其水平干管敷设在室内地沟内或地下室顶部）。

根据建筑物的使用要求，热水管网的敷设形式又可分为明装与暗装两种。明装管道要尽可能布置在卫生间、厨房沿墙、柱敷设，一般与冷水管平行。在建筑与工艺有特殊要求时可暗装，暗装管道多布置在管道竖井或预留沟槽内。

布置和敷设热水管网时应注意以下事项：

（1）较长的直线热水管道，不能依靠自身转角自然补偿管道的伸缩时，应设置伸缩器。

（2）为避免管道中积聚气体，影响过水能力腐蚀管道，在上行下给式供水干管的最高点应设置排气装置。

（3）为集存热水中所析出的气体，防止被循环水带走，下行上给式管网的循环回水立管应在配水立管最高配水点以下不小于 0.5m 处连接。

（4）为便于排气和泄水，热水横管均应有与水流方向相反的坡度，其坡度值一般应不小于 0.003，并应在管网的最低处设泄水装置。

（5）热水管道在穿过建筑物顶棚、楼板、墙壁和基础处应设套管，以避免管道胀缩时损坏建筑结构和管道设备。若地面有积水可能时，套管应高出地面 50 ~ 100mm，以防止套管缝隙向下流水。

（6）在热水立管与横管连接处，为避免管道伸缩应力破坏管网，立管与横管相连应采用乙字弯管。

（7）为保证配水点的水温，需平衡冷热水的水压。热水管道通常与冷水管道平行布置，热水管道在冷水管道上方或左侧位置。

（8）为满足热水管网中循环流量的平衡调节和检修的需要，在配水管道或回水管道的分干管处，配水立管和回水立管的端点，以及居住建筑和公共建筑中每一户或单元的热水支管上，均应设阀门。热水管道中水加热器或贮水器的冷水供水管和机械循环第二循环回水管上应设止回阀，以防止加热设备内水倒流被泄空而造成安全事故和防止冷水进入热水系统影响配水点的供水温度。

四、热水管道的防腐与保温

热水管网若采用低碳钢管材和设备时，由于管道及设备暴露在空气中，会受到氧气、二氧化碳、二氧化硫和硫化氢的腐蚀，金属表面还会产生电化学腐蚀，加之热水水温高，气体溶解度低，使得金属管材更易腐蚀。长期腐蚀的结果，使管道和设备的壁面变薄，系统将遭到破坏。为此，可在金属管材和设备外表面涂刷防腐材料，在金属设备内壁及管内加耐腐衬里或涂防腐涂料来阻止腐蚀作用。

在热水系统中，为减少系统的热损失应对管道和设备进行保温。在选用保温材料时，应尽量选用重量轻、导热系数低［小于、等于 0.139W/（㎡·℃）］、吸水率小、性能稳定、有一定的机械强度、不腐蚀金属、施工简便、价格合理的材料。常用的保温材料有膨胀珍珠岩、膨胀蛭石、玻璃棉、矿渣棉、石棉、硅藻土和泡沫混凝土等制品。

对管道和设备保温层厚度的确定，均需按经济厚度计算法计算，并应符合《设备及管道保温技术通则》中的规定。为了简化设计时的计算过程，给水、排水标准图集87S159中提供了管道和设备保温的结构图和直接查表确定厚度的图表，同时也为施工提供了详图和工程量的统计计算方法。

不论采用何种保温材料和保温结构，在施工保温前，均应将钢管进行防腐处理，将管道表面清除干净，刷防锈漆两道。同时，为增加保温结构的机械强度及防湿能力，在保温层外面一般均应有保护层。常用的保护层有石棉水泥保护层、麻刀灰保护层、玻璃布保护层、铁皮保护层等。

第六节　饮水供应

饮水供应是现代建筑给水系统的重要组成部分。目前，饮水供应主要有开水供应系统和冷饮水供应系统两类。采用何种类型主要依据人们的生活习惯和建筑物的使用要求确定。一般而言，办公楼、旅馆、大学生宿舍、军营等多采用开水供应系统；而大型娱乐场所等公共建筑、工矿企业生产热车间等多采用冷饮水供应系统。

一、饮水标准

随着生活水平的不断提高，人们自我保健意识逐渐增强，对饮用水水质的要求也越来越高。为此，我国已实施了《饮用净水水质标准》，并正在制定《饮用纯水水质标准》。

1. 饮水定额

根据建筑物的性质或劳动性质以及地区的气候条件，选用适用于开水、温水、饮用自来水（生水）、冷饮水的供应，但制备冷饮水时其冷凝器的冷却用水量不包括在内。

2. 饮水水质

饮水水质应符合现行《生活饮用水水质标准》的要求。对于作为饮用水的温水、生水和冷饮水，除满足《生活饮用水水质标准》外，在接至饮水装置前，还应进行必要的过滤或消毒处理，以防止在贮存和运输过程中造成二次污染，从而进一步提高饮水水质。

3. 饮水温度

（1）开水。

为满足卫生标准的要求，应将水烧至100℃并持续3min，计算温度采用100℃。饮用开水是我国目前采用较多的饮水方式。

（2）温水。

计算温度采用 50℃ ~ 55℃，我国目前较少采用。

（3）生水。

随着地区不同，水源种类（河水、地下水、湖水等）也不同，水温一般为 10℃ ~ 30℃。国外饮用较多，国内一些饭店、宾馆提供这样的饮用水系统。

（4）冷饮水。

随人的生活习惯、气候条件、工作(或劳动)性质和建筑物使用标准而异。常用于饭店、餐馆、冷饮店及工厂企业等，一般场所较少采用。目前，在一些星级宾馆、饭店中直接为客人提供冰块或在客用冰箱内贮放瓶装矿泉水等办法解决冷饮水要求。

二、饮水制备

1. 开水制备

开水可通过开水炉将生水烧开制得，这是一种直接加热方式，常采用的热源为燃煤、燃油、燃气、电等；另一种方法是利用热媒间接加热制备开水。这两种都属于集中制备开水的方式。

目前，在办公楼、科研楼、实验室等建筑中，常采用小型电开水器这种分散制备开水方式。其使用灵活方便，某些电开水器既可制备热水，也可制备冷饮水，还可随时满足由于气候变化引起的用水需求。

2. 冷饮水制备

冷饮水的品种有很多，常规的制备方法有以下几种：

（1）自来水烧开后，再冷却至饮水温度；

（2）自来水经净化处理后，再经水加热器加热至饮水温度；

（3）自来水经净化处理后，直接供给用户或饮水点；

（4）天然矿泉水取自地下深部循环的地下水；

（5）蒸馏水是通过水加热汽化，再将蒸汽冷凝；

（6）纯水是通过对水的深度预处理、主处理、后处理等；

（7）活性水是用电场、超声波、磁力或激光等将水活化；

（8）离子水是将自来水通过过滤、吸附离子交换、电离和灭菌等处理，分离出碱性离子水供饮用，而酸性离子水供美容。

三、饮水的供应方式

1. 开水集中制备集中供应

在开水间集中制备，人们用容器取水饮用装置。

2. 开水统一热源分散制备分散供应

在建筑中把热媒输送至每层，再在每层设开水间制备开水。

3. 开水集中制备分散供应

在开水间统一制备开水，通过管道输送至开水取水点，这种系统对管道材质要求较高，要确保水质不受污染。

4. 冷饮水集中制备分散供应

对于中、小学校、体育场（馆）、游泳馆、车站、码头等人员流动较集中的公共场所，可采用冷饮水集中制备，再通过管道输送至各饮水点。人们在各饮水点从饮水器中直接喝水，既方便又可防止疾病的传播。

第十章　建筑中水系统

第一节　建筑中水系统的组成

建筑中水系统是将建筑或建筑小区内使用后的生活污废水经适当处理后，达到规定的水质标准，适用于建筑或建筑小区作为杂用水的收集、处理和供水系统。

一、建筑中水的意义

随着人口增加和工业发展，淡水用水量日益增长，由于水资源有限，再加上水体的污染，世界性的缺水现象日益严重。我国淡水资源总量名列世界前茅（第6位），但人均拥有量仅列世界的第121位。全国660多个城市中有400多个城市长期缺水，110多个城市严重缺水，如天津、北京、西安、太原、大连、青岛、深圳等城市尤为突出。因此，国家颁布了《环境保护法》、《水法》等法规以合理利用和保护水源，并大力推广和开发节水技术——海水淡化、循环用水、废水回用等。其中建筑中水就是节水技术中的一种。

建筑中水技术发展得很快，因为它能缓解严重缺水城市或地区水资源不足的矛盾，并带来明显的社会效益和经济效益。

（1）节约用水量，能有效地利用淡水资源。据有关资料显示，实施中水系统后，事业单位可节水40%左右，一般住宅可节水30%，对于市政给水，节水率也在20%以上。

（2）减小污水的排放量，减轻对水体的污染。前些年，我国污水排放量以年增长率8.0%（或更多）的速度增加，其中大量的污水未经处理就直接排放（近年来，城市污水处理率有所提高），使众多河流受到了不同程度的污染。如果建有完善的中水系统，市政排水管网的输送负荷、城市污水的处理负荷均可有所缓解，对自然水体的污染程度也将有所缓解，对环境的保护具有重要的作用。

（3）分质供水，节约成本。以前，我国的供水系统只是一种水质，给水管道中的水在理论上都达到了生活饮用水标准，但有些方面的用水却可以不需这么高的标准，如厕所的冲洗用水，道路、绿地、树木的浇洒用水，冲洗车辆用水，单独系统的消防用水，空调系统的冷却用水，建筑施工用水，水景系统（水池、喷泉）的用水等等。如果将中水用于这些场合，其供水水质方面的成本将大为降低。

（4）变废为利，开辟了新水源。为了解决某些城市缺水严重的问题，利用中水作为某些地方用水的水源，与远程输水或海水淡化的技术方案比较，设置中水系统最为经济。

从20世纪60年代开始，日本、美国、德国、英国、南非、以色列等国相继实施了中水工程（"中水"这一称谓来自日本，因其水质介于给水＜上水＞和排水＜下水＞之间）。我国从80年代起，节水的意识普遍增强，节水技术逐渐被人们重视，随着制定了《建筑中水设计规范》（GB 50336 — 2002）。有些城市已经开展了中水技术的开发并实施了中水工程，有的城市也在进行中水利用的研究与试验。如，北京地区国际贸易中心、首都机场、四川大厦、万泉公寓以及环境保护研究所、高碑店污水处理厂等都进行了实施与研究。青岛、太原、天津等城市也进行了实施与研究。今后，建筑中水技术必将在我国得到更快、更普遍的发展。

二、中水系统的分类

中水系统是一个系统工程，是给水工程技术、排水工程技术、水处理工程技术和建筑环境工程技术的有机综合，而得以实现各部分的使用功能、节水功能及建筑环境功能的统一。按中水系统服务的范围一般分为三类：建筑中水系统、小区中水系统和城镇中水系统。

1. 建筑中水系统

建筑中水系统是指单幢（或几幢相邻建筑）所形成的中水系统，视情况不同又可再分为下面两种形式。

（1）具有完善排水设施的建筑中水系统，这种形式的中水系统是指建筑物排水管系为分流制，且具有城市二级水处理设施。中水的水源为本系统内的优质杂排水和杂排水（不含粪便污水），这种杂排水经集流处理后，仍供应本建筑内冲洗厕所、绿化、扫除、洗车、水景、空调冷却等用水。其水处理设施可设于建筑地下室或临近建筑的室外。这种系统的送水和排水都应该是双管系统，即室内饮用给水和中水供水采用不同的管网分质供水，室内杂排水和污水采用不同的管网分别排除。

（2）排水设施不完善的建筑中水系统，这种形式的中水系统是指建筑物排水管系为合流制，且没有二级水处理设施或距二级水处理设施较远。中水水源取自该建筑的排水净化池（如沉砂池、沉淀池、除油池或化粪池等）。其中，水处理构筑物根据建筑物有无地下室和气温冷暖期长短等条件设于室内或室外，这种系统室内饮用给水和中水供水也必须采用两种管系分质供水，而室内排水则不一定分流排放，应该根据当地室外排水设施的现状和规划确定。

2. 小区中水系统

小区中水系统适用于城镇小区、机关大院、企业学校等建筑群。中水水源来自建筑小区内各建筑物排放的污废水。室内饮用给水和中水供水应采用双管系统分质供水。室内排水应与小区室外排水体制相呼应，污水排放应按生活废水和生活污水分质、分流进行排放。

3. 城镇中水系统

城镇中水系统以城镇二级污水处理厂的出水和部分雨水作为中水水源，经提升后送到中水处理站，处理达到生活杂用水水质标准后，供城镇杂用水使用。该系统不要求室内外排水系统必须采用分流制，但城镇应设有污水处理厂，城镇和室内供水管网应为双管系统。

上述几种类型的中水系统，根据有关资料统计，单幢建筑中水系统远多于建筑小区中水系统，市中心的中水系统多于市郊，中水处理站设于室内地下室多于设在室外。

三、建筑中水系统的组成

1. 中水原水系统

中水原水系统指的是收集、输送中水原水至中水处理设施的管道系统和一些附属构筑物。建筑内排水系统有污废水分流制与合流制之分，中水的原水一般采用分流制方式中的杂排水和优质杂排水作为中水水源。

2. 中水处理设施

中水处理一般将处理过程分为前处理、主要处理和后处理三个阶段。

（1）前处理阶段。此阶段主要是截留较大的漂浮物、悬浮物和杂物，分离油脂、调整 pH 值等，其处理设施为格栅、滤网、除油池、化粪池等。

（2）主要处理阶段。此阶段主要是去除水中的有机物、无机物等。其主要处理设施有：沉淀池、混凝池、气浮池、生物接触氧化池、生物转盘等。

（3）后处理阶段。此阶段主要是针对某些中水水质要求高于杂用水时，应进行深度处理，如过滤、活性炭吸附和消毒等。其主要处理设施有：过滤池、吸附池、消毒设施等。

3. 中水管道系统

中水管道系统分为中水原水集水和中水供水两大部分。中水原水集水管道系统主要是建筑排水管道系统和必需将原水送至中水处理设施的管道系统。中水供水管道系统应该单独设置，是将中水处理站处理后的水输送至各杂用水用水点的管网。中水供水系统的管网系统类型、供水方式、系统组成、管道敷设和水力计算与给水系统管网基本相同，只是在供水范围、水质、使用等方面有些限定和特殊要求。

4. 中水系统中调节、贮水设施

在中水原水管网系统中，除设置排水检查井和必要的跌水井外，还应设置控制流量的设施，如分流闸、调节池、溢流井等，当中水系统中的处理设施发生故障或集流量发生变化时，需要调节和控制流量，将分流或溢流的水量排至排水管网。

在中水供水系统中，除管网系统外，根据供水系统的具体情况，还有可能设置中水贮水池、中水加压泵站、中水气压给水设备、中水高位水箱等设施。

第二节　中水水源、水量和水质标准

一、中水水源

中水水源的选用应根据原排水的水质、水量、排水状况和中水回收所需的水质水量来确定。一般为生产冷却水和生活废、污水，其可选择的种类和选择顺序为：冷却水、沐浴排水、盥洗排水、空调循环冷却系统排污水、冷凝水、游泳池排污水、洗衣排水、厨房排水、厕所排水。建筑屋面雨水可作为中水水源或补充。医院排出的污水不宜作为中水水源，严禁将工业污水、传染病医院污水和放射性污水作为中水水源。

二、中水水量

1. 中水原水水量

中水原水是指来源于并选作为中水水源、未经处理的建筑的各种排水的组合。中水原水水量指建筑组合排水（如优质杂排水、杂排水、粪便污水等）水量。我国国土辽阔，各地区用水量差异较大，其各类建筑物的生活排水量，除可按给水量估算排水量（经验上建筑的生活污水排放量可按该建筑给水量的80% ~ 90%确定）外，还应该根据本地区多年调查积累的资料确定。

2. 中水用水量

中水用水量即指建筑内各种杂用水的总量。

对于一般住宅，中水主要用于冲洗厕所、清扫、浇花用水等。对于办公楼，主要用于冲洗厕所、洗车、冷却、绿化用水等。对于室外环境方面，主要用于消防、水景、喷洒道路、浇灌花草树木等。

至于中水用水量的确定，应该按类分项，区别不同用途，根据各类建筑的不同项目用水量、不同项目用水量占供水量的百分比及计算单位数。而水景、绿化浇水、洗车、道路洒水等中水用水量，可参照有关资料提供的用水水量确定。

3. 水量平衡

水量平衡是指整个中水系统内水量的计算和均衡。即将设计的建筑或建筑群的中水原水量、中水水源水量、中水处理水量、中水产水量、中水用水量以及调节水量、消耗水量、给水补给水量等进行计算和协调，使其达到合理、一致和平衡，在各种水量之间和时间延续上都保持协调一致。水量平衡的结果是选定建筑中水系统类别和处理工艺的重要依据。

水量平衡中，几种水量应该遵循如下关系：

（1）中水原水水量（建筑物的排水量）＝建筑物的给水量 ×（80% ~ 90%）

中水水源水量＝中水原水中可集流（可用作中水水源）的水量−溢流量

（也可写成：中水水源水量＝中水原水水量−不可集流的原水水量−溢流量）

溢流量是指排水系统偶尔发生的集中排水量大于中水处理设备处理负荷的水量。

（2）中水用水量 ×（110% ~ 115%）＝中水水源水量

（也可写成：中水用水量＝中水水源水量−处理耗水量）

如果建筑中原水水量不能满足杂用水水量，还应由给水量补足。

为了直观地反映中水系统中各种水量的来龙去脉、水量多少、分配情况、综合利用情况及相互关系，可用框图表示出来，这种框图称作水量平衡图。

三、中水水质标准

1. 中水原水水质

中水原水水质视各类建筑、各种排水的污染程度不同而有所差异，应按当地的情况进行测量和统计。

2. 中水水质标准

人们使用中水，难免会产生一些疑虑，担心误饮、误用中水而影响健康，或顾虑贮存时间稍长中水会腐败变质等等。为更好地开展中水利用，确保中水的安全使用，中水的水质必须在卫生方面安全可靠，无有害物质，在外观上没有使人产生不快的感觉，并且不会引起管道设备产生结垢、腐蚀和造成维修困难等问题。为此，我国颁布了《城市污水再生利用城市杂用水水质标准》。对于用于景观环境用水的中水水质应符合国家标准《城市污水再生利用景观环境用水水质标准》的规定。

第三节 中水处理工艺与中水处理站

一、中水处理工艺流程与选择

1. 选定流程的依据

中水处理工艺流程一是应当了解当地缺水环境背景和节水的技术条件，处理场地与环境条件是否适应拟选定的处理工艺流程，是否能够合理地排放处理过程中的污水及对污泥的处理；建筑环境条件是否适宜模拟选的工艺流程，其生态、气味、噪声、外观是否与环境协调；当地的技术水平与管理水平是否与处理工艺相适应；投资者的投资能力以及各种流程的经济技术的比较情况等。

二是分析中水原水水质。分析取用的原水是分流制中的废水还是合流制的污水，原水的污染程度等。不管是哪种原水，应当有实测的或类似的水质资料。

三是中水的用途及水质要求。中水的用途对水质提出了要求，还应注意中水是否与人体直接接触以及输送中的管道、使用中水的设备对结垢和腐蚀的特殊要求，以及确定不同的深度处理措施等。

2. 常用的中水处理工艺流程

（1）当以优质杂排水和杂排水为中水水源时（水中有机物浓度较低，处理的目的主要是去除悬浮物和少量有机物，降低原水的色度和强度），宜选用以物理、化学处理为主的工艺流程或采用生物处理和物化处理相结合的工艺流程。

（2）当以含冲洗厕所的生活污水为中水水源时（水中悬浮物和有机物浓度都很高，处理的目的是同时去除悬浮物和有机物），宜选用二段生物处理或生物处理与物化处理相结合的工艺流程（采用膜处理工艺时，应有保障可靠进水水质的预处理工艺和易于膜的清洗、更换的技术措施）。

（3）当利用污水处理站二级处理出水作为中水水源时，宜选用如图 5-8 所示的物化处理或与生化处理结合的深度处理工艺流程。

（4）当利用建筑小区污水处理站二级生物处理的出水作为中水水源时（处理的目的是去除残留的悬浮物，降低水的色度与浊度），宜选用化学处理（或三级处理）工艺流程。

二、中水处理技术

1. 格网、格栅

格网、格栅主要是用来阻隔、去除中水原水中的粗大杂质，不会使这些杂质堵塞管道或影响其他处理设备的性能。其栅条、网格按间隙大小分为粗、中、细 3 种，按结构形式分为固定式、旋转式和活动式（活动式中又有筐式和板框式 2 种）。中水处理一般采用细格栅（网）或两道格栅（网）组合使用。当处理洗浴废水时还应加上毛发清除器。

2. 水量调节

水量调节是将不均匀的排水进行贮存调节，使处理设备能够连续、均匀稳定地工作。其措施一般是设置调节池。工程实践证明污水贮存停留时间最长不宜超过 24h。调节池的形式可以是矩形、方形或圆形，其容积应按排水的变化情况、采用的处理方法和小时处理量计算确定。

3. 沉淀

沉淀的功能是使液固分离。混凝反应后产生的较大粒状絮凝物，靠重力通过沉淀去除，大量降低水中污染物。常用的有竖流式沉淀池、斜板（管）沉淀池和气浮池。原水通过格栅（网）后，如无调节池时，应安装初沉池。生物处理后的二次沉淀池和物化处理的混凝沉淀池宜采用竖流式沉淀池或斜板（管）沉淀池。

4. 生物处理

（1）接触氧化。接触氧化是在用曝气方法提供充足的氧的条件下，使污水中的有机物与附着在填料上的生物膜接触，利用微生物生命活动过程中的氧化作用，降解水中有机污染物，使水得到一定程度的净化。

（2）生物转盘。生物转盘的作用与接触氧化相同，不同之处有二：一是生物膜附着在转盘的盘上；二是转盘时而与水接触，时而与空气接触，通过与空气的接触去获得充足的氧。中水处理中的生物转盘应采用 2 ~ 3 级串联式转盘。

生物处理法在国内外还有一些其他的处理形式，可参考水处理工程方面的教材。

5. 过滤

过滤主要是去除水中的悬浮和胶体等细小杂质，还能起到去除细菌、病毒、臭味等作用。过滤有很多种形式，中水处理一般均采用密封性好的、定型制作的过滤器或无阀滤池。常用的滤料有石英砂、无烟煤、泡沫塑料、硅藻土、纤维球等。

6. 消毒

消毒是中水使用和生产过程中安全性得到保障的重要一环。中水虽经过消毒但不能饮用，中水的原水由于经过人的直接污染，含有大量的细菌、寄生虫和病毒。因此，中水的消毒不仅要求杀灭细菌和病毒的效果好，同时还要要求提高中水的生产和使用过程整个时间上的保障性。常用的消毒剂有：氯、次氯酸钠、二氧化氯、二氯异氰尿酸钠等。另外，还有臭氧消毒和紫外线消毒等方法。

三、中水处理装置

中水处理设施可根据有关资料、参数，自行设计、建造处理建筑物。如果中水处理负荷较小时，也可直接选用成套处理装置。下面简单介绍几种中水处理装置。

1. 中水网滤设备

成品网滤器可直接装水泵吸水管上，将经过泵而进入处理系统的水进行初滤，截流粗大杂质。其过水流量有 $20m^3/h$、$100m^3/h$、$200m^3/h$、$300m^3/h$、$400m^3/h$ 等 5 档。网滤器进出管直径分别为 100mm、200mm、250mm、350mm。

2. 曝气设备

在生物处理法中，均应进行曝气，曝气除选择合适的风机外，还要是选择曝气器，曝气方式有：穿孔管曝气、射流曝气和微孔曝气。曝气器的服务面积一般为 $3 \sim 9m^2$，供气量一般为 $0.6 \sim 1.3m^3/$（$min\cdot$个），适用水深 $2 \sim 8m$。

3. 气浮处理装置

气浮池的规格有 $5 \sim 50t/h$ 等 8 种，相应的气浮池直径为 $1.37 \sim 3.73m$，操作平台直径为 $2.57 \sim 4.96m$，高度为 $2.99 \sim 4.19m$。

4. 组装式中水处理设备

组装式中水处理设备分为 6 段，即初处理器（组合内容有格栅、滤网、分流、溢流、计量）、好氧处理器（调节、贮存、曝气、氧化提升）、厌氧处理器（调节、贮存、厌氧水解、曝气回流）、浮滤器（溶气、气浮、过滤）、加药器（溶药、投加、计量）、深处理器（吸附交换供水）。处理能力有 $10m^3/h$、$20m^3/h$、$30m^3/h$、$50m^3/h$ 等 4 种。

5. 接触氧化法处理装置

接触氧化法处理装置日产水量为 $80m^3/d$、$160m^3/d$、$240m^3/d$、$320m^3/d$、$400m^3/d$、$480m^3/d$ 等 6 档，占地面积相应为 $50m^2$、$80m^2$、$100m^2$、$120m^2$、$140m^2$、$180m^2$，接触氧化曝气池的面积为 $2\times3 \sim 3\times8m^2$ 等 6 种规格。

6. 生物转盘法处理设备

生物转盘法处理设备中转盘直径为 $1.4 \sim 3.6m$ 等 8 种规格，相应的转盘面积为 $290 \sim 8100m^2$，设备占地面积为 $4.5 \sim 40.2m^2$，设计处理能力为 $24 \sim 720t/d$。

7. 接触过滤器

接触过滤器分上进下出和下进上出两种形式，其产水量有 5 ~ 98m³/h 等 14 种规格，其直径为 0.7 ~ 2.5m 不等，进水允许浊度一般应小于 100mg/L，正常出水浑浊度一般小于 5mg/L。

8.BGW 型中水处理设备

BGW 型中水处理设备处理工艺采用高效生物转盘、强化消毒、波形板反应、集泥式波形斜板沉淀、分层进水过滤和自身反冲洗技术。生物转盘直径为 2.0m，其进水 BOD5≤250mg/L，出水 BOD5≤10mg/L；进水 SS≤400mg/L，出水 SS≤10mg/L。处理能力为 100m³/d、200m³/d、400m³/d 三种。

除上述装置之外，还有厕所冲洗水循环处理装置、平板式超过滤器、ZS 系列中水净化器、A/O 系统立式污水净化槽、WHCZ 小型污水处理装置以及新研发的有关设备和装置等。

四、中水处理站

1. 中水处理站的布置

中水处理站的位置应根据建筑的总体布局、中水原水的主要出口、中水的用水位置、环境卫生、便于隐蔽隔离和管理维护等综合因素确定，注意充分利用建筑空间，少占地面，最好有方便的、单独的道路和进出口，便于进出设备、排除污物等。对于单幢建筑的中水处理站可设在该建筑的最底层或建筑附近，对于建筑群的中水处理站应靠近主要集水和用水处的地下室或裙房内。小区中水处理站按规划要求独立设置，处理构筑物宜为地下式或封闭式，在可能的情况下尽量利用中水原水出口高程，使处理过程在重力流动下进行。处理产生的污物必须合理处置，不允许随意堆放。要考虑预留发展位置。

处理站除有安置处理设施的场所外，还应有值班室、化验室、贮藏室、维修间及必要的生活设施等附属房间。处理间必须有必要的通风换气设施，有保障处理工艺要求的采暖、照明和给水、排水设施。

设计处理站时，要考虑工作人员的保健和安全问题，应尽量提高处理系统的机械化、自动化程度，尽量采用自动记录仪表或远距离操作；贮存消毒剂、化学药剂的房间宜与其他房间隔开，并有直接通向室外的门。对药剂所产生的污染危害和二次危害，必须妥善处理，采取必要的安全防护措施；用氯作消毒剂产生的氢、厌氧处理产生的可燃气体等处的电气设备，均应该采取防爆措施。

2. 中水处理站的隔振消声与防臭

安装在建筑地下室的中水处理站，必须与主体建筑及相邻房间紧密隔开，并做建筑隔音处理，以防空气传声；站内设备基座均应安装减振垫，连接设备的管道均应安装减振接头和吊架，以防固体传声。

对于防臭，首先应尽量选择产生臭气较少的工艺以及封闭性较好的处理设备，其次是对产生臭气的设备加盖、加罩使尽少地分散。对于无法散出的臭气，可考虑集中排除稀释（排出口应当高出人们活动场所 2m 以上），或者采用燃烧法、化学法、吸附法、土壤除臭法等进行除臭。

第四节　中水管道系统

一、中水原水集水管道系统

原水集水管道系统一般由建筑内合流或分流集水管道、室外或建筑小区集水管道、污水泵站及有压污水管道和各处理环节之间的连接管道四部分组成。

1. 建筑内集水管道系统

建筑内集水管道系统即通常的建筑内排水管网，其支管、立管和横干管的布置与敷设，均同建筑排水设计。但其排水不是进入小区或城市排水管网，而是进入中水集水管系。

（1）建筑内合流制集水管道系统

合流制系统中的集水干管（收集排水横干管或排出管污水的管道）应根据处理间设置位置及处理流程的高程要求，设计成室内集水干管，也可设计成室外集水干管。当设置为室内集水干管时，应考虑充分利用排水的水头，即尽可能保持较高的出流高程，便于依靠重力流向下一道处理工序。但集流干管要选择合适的位置及设置必要的水平清通口，并在进入处理间或中水调节池之前，设置超越管，以便出现事故时可以直接排放至小区或城市排水管网。

（2）建筑内分流制集水管道系统

分流制系统要求分流顺畅，这就要求与其他专业协商合作，使卫生间的位置和卫生器具的布置合理、协调。同时注意：洗浴器具与便器最好是分开设置或者分侧设置，以便用单独的支管、立管排出；洗浴器具宜上下对应设置，便于接入同一立管。

明装的污废水立管宜在不同墙角设置，以利美观。同时，污废水支管不宜交叉，以免横支管标高降低太多。

高层公共建筑的排水系统宜采用污水、废水、通气三管组合管系。

集水干管与上述第 1 点相同。

2. 室外或小区集水管道系统

室外或小区集水管道的布置与敷设亦与相应的排水管道基本相同，最大的区别在于室外集水干管还需将所收集的原水送至室内或附近的中水处理站。

因此，除了考虑排水管布置时的一些因素以外，还应根据地形、中水处理站的位置，注意使管道尽可能较短，一般布置在建筑物排水侧的绿地或道路下；力求埋深较浅，使所集污废水能自流到中水处理站。布管时，要注意与其他如给水、排水、雨水、供热、燃气、电力、网线、通信等管系综合考虑。在平面上与给水管、雨水管、污水管的净距宜在 0.5 ~ 1.5m 以上，与其他管道的净距宜在 1.0m 以上。与其他管道垂直净距应在 0.15m 以上；还应考虑工程分期建设的安排和远期扩建的可行性。

3. 污水泵站及有压污水管道

如果由于地形或其他因素，集水干管的出水不能依靠重力流到中水处理站时，就必须设置污水泵将污水加压送至中水处理站。污水泵的数量由污水量（或中水处理能力）确定。污水泵站应根据当地的环境条件而设置。

污水泵出口至中水处理站起始进口之间的管道为有压污水管道。此段管道要求要有一定的强度，接头必须严密，严防泄漏，还应有一定的耐腐蚀性。

至于中水处理站内各处理环节之间的连接管道，应根据其工艺流程和处理站的布局去确定，做到既符合工艺要求，又能保障运行的可靠性。

二、中水供水管道系统

中水供水管道系统必须独立设置。中水供水管道系统的布置和水力计算与建筑给水供水系统基本相同。

根据中水的特点应当注意的是，中水管道必须具有耐腐蚀性。因为中水中存在有余氯和多种盐类，会产生多种生物学和电化学腐蚀，一般采用塑料管、钢塑复合管和玻璃钢管比较合适，不得采用非镀锌钢管。如遇不可能采用耐腐蚀材料的管道和设备，则应做好防腐处理，并要求表面光滑，使易于清洗、清垢；中水用水点宜采用使中水不与人直接接触的密闭器具；中水管道上不得装上取水龙头；冲洗汽车、浇洒道路与绿地的中水出口宜用有防护功能的壁式或地下式给水柱。

三、中水系统的安全防护

应用中水可以节约水源，减少污染，具有良好的综合效益。但中水水质低于生活饮用水水质，并且与生活给水管道系统在建筑内共存，而我国现阶段还有很多人对中水了解不多，故有误用、误饮的可能。为了保证供水安全可靠，不致造成不应有的危害，在中水系统的设计、安装、运行、使用的全过程中应特别注意其安全防护。

中水处理系统应连续、稳定地运行，不宜间断，处理量也不宜时多时少，且出水水质应达到《城市杂用水水质标准》。考虑到排水水量和水质的不稳定性，在主要处理前应设调节池，处理系统如为连续运行，其调节容积可按日处理量的 35% ~ 50% 计算（若必须间歇运行时，调节容积可按处理工艺运行周期计算）。

由于中水处理站的出水量与中水用水量不一致，故为保证故障或检修时用水的可靠性，应在处理设施后设中水贮水池。处理系统如为连续运行时，中水贮水池的调节池的调节容积可按日处理水量的 25% ~ 35% 计算。若必须间歇运行时，可按处理设备运行周期计算；为保证用水不中断及水压恒定而设有中水高位水箱时，水箱的容积应不小于日用水量的 5%。中水贮水箱宜用玻璃钢等耐腐蚀材料制作。

严格执行《建筑中水设计规范》规定，中水管道外部应按有关标准的规定涂色和标志，以便与其他管道相区别；室内中水管道在任何情况下，均严禁与生活饮用水管道相接；不在室内设置可供直接使用的中水水嘴，以免误用。若装有取水接口时，必须采取严格的防止误饮、误用的措施；若需将生活饮用水管作为补充水时，该出水口应高出中水水池（箱）最高水位 2.5 倍管径以上的空气隔断高度；中水管与排水管平行埋设时，其水平净距不小于 0.5m，交叉埋设时，中水管应置于饮水管之下、排水管之上，管道净距不小于 0.15m；水池、水箱、阀门、水表及给水柱、取水口等均应标有明显的"中水"字样；公共场所及绿化的中水取水口应设带锁装置；工程验收时应逐段进行检查，防止误接。

中水处理站的管理人员必须经过专业的培训才能上岗，这也是保证其运行安全，保证水质的重要因素。

第十一章　居住小区给水、排水系统

居住小区是指含有教育、医疗、文体、经济、商业服务及其他公共建筑的城镇居民住宅建筑区。根据我国《城市居住区规划设计规范》，我国城镇居民居住用地组织的基本构成为三级，划分界线如下：

（1）居住组团，居住户数 $300 \sim 1000$ 户，占地面积小于 10×10^4 ㎡，居住人口 $1000 \sim 3000$ 人。

（2）居住小区，有若干个居住组团构成，居住户数 $3000 \sim 5000$ 户，占地面积 $10 \times 10^4 \sim 20 \times 10^4$ ㎡，居住人口 $10\,000 \sim 15\,000$ 人。

（3）居住区，有若干个居住小区构成，居住户数 $10\,000 \sim 16\,000$ 户，居住人口 $30\,000 \sim 50\,000$ 人。

居住小区给水、排水工程是指城镇中居住小区、居住组团、街坊和庭院范围内的建筑外部给水、排水工程，并不包括城镇工业区或中小工矿的厂区给排水工程，是建筑给水、排水管道和市政给水、排水管道的过渡管段，其服务范围不同，给水、排水不均匀系数也不相同，所以居住小区给水、排水设计流量与建筑内部和城市给水、排水设计流量的计算方法均不相同。

居住小区给水、排水工程包括给水工程（生活给水、消防给水），排水工程（污水废水、雨水和小区污水处理）和中水工程。

第一节　居住小区给水系统的分类与组成

一、居住小区给水水源

居住小区位于市区或厂矿区供水范围内时，应采用市政或厂矿给水管网作为给水水源，以减少工程投资。若居住小区离市区或厂矿较远，不能直接利用现有供水管网，需铺设专门的输水管线时，可经过技术经济比较，确认是否自备水源。在远离城镇或厂矿的居住小区，可自备水源。在严重缺水地区，应考虑建设居住小区中水工程，用中水来冲洗厕所、浇洒绿地和道路。

二、居住小区给水系统分类

1. 低压统一给水系统

整个给水区域的生活、生产和消防等多项用水均以统一水压和水质、用统一管网供给各用户，这种系统称为统一给水系统。在居住小区中对于多层建筑群体，生活给水和消防给水都不会需要过高的压力，因此采用低压统一给水系统。

2. 分压给水系统

因用户对给水水压要求不同而分成两个或两个以上系统供水，这种给水系统称为分压给水系统。在高层建筑和多层建筑混合居住小区，高层建筑和多层建筑显然所需压力差别较大。所以为了节能，混合区内宜采用分压给水系统。

3. 分质给水系统

因用户对水质要求不同而分成两个或两个以上给水系统，分别供水给各类用户，这种给水系统称为分质给水系统。在高层建筑和多层建筑混合居住小区，在严重缺水地区或无合格原水地区，为了充分利用当地的水资源，降低成本，将冲洗、绿化、浇洒道路等用水水质要求低的水量从生活用水量中区分出来，所以就确立分质给水系统。

4. 调蓄增压给水系统

在高层和多层建筑混合区内，其中为低层建筑所设的给水系统，也可对高层建筑的较低楼层供水，但是高层建筑较高的部分，无论是生活给水还是消防给水都必须调蓄增压，即设有水池和水泵进行增压给水。调蓄增压给水系统又分为分散、分片和集中调蓄增压系统。根据高层建筑的数量、分布、高度、性质、管理和安全等情况，经技术、经济比较后确定采用何种调蓄增压给水系统。

三、居住小区给水方式

居住小区给水方式应根据小区内建筑物的类型、建筑高度、市政给水管网的资用水头和水量等因素综合考虑确定，做到技术先进合理，供水安全可靠，投资省，便于管理。常见的小区给水方式有以下几种类型。

1. 直接给水方式

城镇给水管网的水量、水压能满足小区的供水要求，应采用直接给水方式，从能耗、运行管理、供水水质及接管施工等各方面来比较，都是最理想的供水方式。

2.有高位水箱的给水方式

城镇给水管网的水量、水压周期性不足时，应采用该给水方式。可以在小区集中设水塔或者分散设高位水箱。该方式具有直接给水的大部分优点，但是在设计、施工和运行管理中应注意避免水的二次污染，北方地区要有一定的防冻措施。

3.小区集中或分散加压的给水方式

城镇给水管网的水量、水压经常性不足时，应采用小区集中或分散加压的方式，该种给水方式由水泵结合水池、水塔、水箱、气压罐等供水，有多种组合方式，也各有其不同的优缺点，选择时应根据当地水源条件按安全、卫生、经济原则综合确定。

四、居住小区给水系统的组成

居住小区给水系统由以下几部分组成：

（1）小区给水管网。

①接户管。布置在建筑物周围、人行便道或绿地下，与小区支管连接，向建筑物内供水；

②给水支管。布置在居住组团内道路下与小区给水干管相接的给水管道；

③给水干管。布置在小区道路或城市道路下与城市给水管网相接的管道。

（2）贮水、调节、增压设备，指贮水池、水箱、水泵、气压罐、水塔等。

（3）消火栓，布置在小区道路两侧用来灭火的消防设备。

（4）给水附件，保证给水系统正常工作设置的各种阀门等。

（5）自备水源系统，对于严重缺水或离城镇给水管网较远的地区，可设有自备水源系统，一般由取水构筑物（以地下式为多）、水泵、净水构筑物、输水管网等组成。

第二节　小区给水管道的布置

居住小区给水管道有小区干管、支管和接户管三类，在布置小区给水管道时，应按干管——支管——接户管的顺序进行。

小区给水管道布置原则及要求：

（1）小区干管应布置成环状或与城镇给水管道连成环状管网，小区支管和接户管可布置成枝状。

（2）小区干管宜沿用水量较大的地段布置，以最短距离向大用户供水。

（3）给水管道应沿区内道路平行于建筑物敷设，宜敷设在人行道、慢车道或草地下，并尽量减少与其他管道的交叉，如果采用塑料给水管，尚应符合有关规定。

（4）给水管道与其他管道平行或交叉敷设的净距，应根据管道的类型、埋深、施工检修的相互影响、管道上附属构筑物的大小和当地有关规定等确定，一般按表6-1采用。

（5）给水管道外壁距建筑物外墙的净距不宜小于1m，且不得影响建筑物的基础。

（6）当生活给水管道与污水管道交叉时，给水管应敷设在污水管道上面，且不应有接口重叠；当给水管道敷设在污水管道下面时，给水管的接口离污水管的水平净距不宜小于1.0m。

（7）给水管道的埋设深度，应根据土壤的冰冻深度、车辆荷载、管材强度及与其他管道交叉等因素确定。管顶最小覆土深度不得小于土壤冰冻线以下0.15m，行车道下的管线覆土深度不宜小于0.7m。

第三节 小区给水系统常用管材、配件及附属构筑物

一、常用管材

埋地的给水管道采用的管材，应具有耐腐蚀和承受管内水压力、承受地面荷载的能力。居住小区给水系统常用管材的选择，应根据供水水压、外部荷载、土壤性质、施工维护和材料供应等条件确定。目前，使用得较多的给水管有塑料给水管、球墨铸铁给水管、有衬里的铸铁给水管等。

1. 铸铁给水管

铸铁给水管是居住小区给水系统中常采用的管材。它抗腐蚀性好，经久耐用，价格较钢管便宜，但缺点是质脆、不耐振动、工作压力较低和自重大等。

我国生产的铸铁管分为高压（工作压力小于980kPa）、普压（工作压力小于735kPa）和低压（工作压力小于441kPa）三种，通常使用的是普压管。每根铸铁管长4～6m，管径75～1500mm。此外还广泛使用球墨铸铁管，它具有铸铁管的耐腐蚀性和钢管的韧性。

铸铁管由于使用要求不同，一般分两种连接形式：一种是承插式接头，常用于埋地管线；另一种是法兰盘式接头，常用于泵站内或水塔进、出水管接头。

2. 预应力和自应力钢筋混凝土管

预应力钢筋混凝土管管径一般为400～1400mm，管长5m，工作压力可达0.4～1.2MPa。自应力钢筋混凝土管管径一般为100～800mm，管长3～4m，工作压力可达0.4～1.0MPa。

预应力和自应力钢筋混凝土管均具有良好的抗渗性和抗裂性，且施工安装方便，输水性能好，但重量大、质地脆。这两种管材的连接形式均为承插式接口，用圆形断面的橡胶圈作为接口材料，在转弯和管径变化处采用特制的铸铁配件，也可用钢板制作。

3. 钢管

钢管有焊接钢管和无缝钢管两种，焊接钢管又分直缝钢管和螺旋卷焊钢管。钢管的特点是强度高、耐振动、长度大、施工方便，但其不耐腐蚀、价格高。在使用钢管时，应特别注意钢管的内外防腐处理。普通钢管的工作压力不超过 1.0MPa，高压管可采用无缝钢管。钢管一般采用焊接或法兰连接，小管径可用丝扣连接。在给水管网中通常只有在管径大和水压高以及穿越铁路、河谷和地震区时使用钢管。在小区给水中，特别是消防给水，当管沟敷设时，也可采用钢管。

4. 塑料管

由于塑料管具有水力条件好、耐腐蚀、重量轻、施工维护方便、不耗用钢材等优点，已得到越来越广泛的应用。目前，小区给水外网使用较多的是硬聚氯乙烯（UPVC）管。硬聚氯乙烯（UPVC）管以聚氯乙烯树脂为主要原料，经挤压成型，适用于输送温度不超过 45℃的水。

除此之外，还有以金属材料和塑料复合而成的钢塑复合管、铝塑复合管等，其兼有金属管和塑料管的优点，使用范围也比较广泛。

二、给水管网附件

为了保证管网的正常运行，便于给水管网的调节和维修，管网上必须装设一些附件。常用附件有以下几种。

1. 阀门

阀门是控制水流、调节管道内的水量和水压、方便检修的重要附件。小区给水管道应在下列部位设置阀门：①小区干管从市政给水管道接出处；②小区支管从小区干管接出处；③接户管从小区支管接出处；④环状管网需调节和检修处；⑤承接消火栓的管道上。

阀门一般设置在阀门井内，阀门的口径一般和管道相同，常采用的阀门一般是蝶阀和闸阀。

2. 排气阀和泄水阀

排气阀安装在管线的隆起部位，用以在初运行时或平时及检修后排出管内的空气。在产生水击时，可自动进入空气，以免形成负压。排气阀分单口和双口两种。地下管线的排气阀应安装在排气阀门井内。

在管线的最低点须安装泄水阀，用以排除水管中的沉淀物以及检修时放空存水。由管线放出的水可直接排入水体、管沟或排入泄水井内，再由水泵排除。

3. 室外消火栓与洒水栓

（1）消火栓。在城镇消火栓保护不到的建筑区域，应设室外消火栓，消火栓的设置要求应符合现行《建筑设计防火规范》的有关规定。

（2）洒水栓。居住小区公共绿地和道路需要洒水时，可设洒水栓。洒水栓间距不宜大于80m。

三、给水管网附属构筑物

1. 给水阀门井

地下管线的阀门一般设在阀门井内。阀门井分地面操作和井内操作两种方式。阀门井的详细尺寸，适用于直径75～1000mm的室外手动暗杆低压阀门、管道中心埋深在6m以内的情况。

2. 给水管道的埋设与支墩

给水管道一般应敷设在地下，只有在基岩露出或覆盖层很浅的地区，给水管才可考虑埋在地面上或浅沟敷设，此时应有防冻和其他安全措施。给水管道埋设时，对管顶、管底和转弯处等，都有一定的要求，以保证管道工作安全可靠。非冰冻地区管道的管顶埋深，主要由外部荷载、管材强度、管道交叉以及土壤地基等因素决定，金属管道的覆土深度（即管顶埋深）一般不小于0.7m，非金属管的覆土深度应不小于1.0～1.2m，以免受到动荷载的作用而影响其强度。冰冻地区管道的埋深除决定于上述因素外，还需考虑土壤的冰冻深度。一般管顶最小覆土深度不得小于冰冻线以下0.15m。

管底应有适当的基础，管道基础的作用是防止管底支在几个点上，甚至整个管段下沉，这些情况都可能会引起管道的破裂。根据原有土壤的情况，常用的基础有天然基础、砂基础和混凝土基础三种。当土壤压力较高和地下水位较低时，管道可直接埋在整平的天然基础上，可不做基础处理；如地基较差应做砂基础和混凝土基础；在岩石或半岩石地基处，需铺垫厚度为100mm以上的中砂或粗砂作为基础，再在上面埋管；在土壤松软的地基处，应采用混凝土基础；在土壤特别松软的流沙和沼泽地区，有时还要考虑打桩。

给水管承插接口的管线在弯头、三通及管端盖板处，均能产生向外的推力。当推力较大时，会引起接头松动甚至脱节，造成漏水。因此管径大于、等于400mm，且试验压力大于980kPa，或管道转弯角度大于5℃～10℃时，必须设置支墩以保证管道输水安全。

为抵抗流体转弯时对管道的侧压力，在管道水平转弯处应设侧向支墩；在垂直向上转弯处设垂直向上弯管支墩；在垂直向下转弯处用拉筋将弯管和支墩连成一体。

当管径小于400mm或转弯角度小于10℃且水压力不超过980kPa时，因接口本身足以承受拉力，可不设支墩。

第四节　居住小区给水管道施工图

居住小区给水管道施工图是进行施工安装、工料分析、编制施工图预算的重要依据之一。它主要由小区给水系统总平面布置图、给水管道平面图、管道纵剖面图和大样图组成。

一、小区给水系统总平面布置图

小区给水系统总平面布置图用来表示一个小区的给水系统的组成及管道布置情况，如图 6-11 所示。

该图一般包括以下内容：①小区建筑平面布置图。图中应标明小区地形、道路、绿化、地貌等情况；②小区给水系统的组成。图中应标明给水管道布置位置、给水泵房和水塔布置位置等；③应标明各给水管道的管径、管长及阀门井、消火栓的位置等情况。

二、小区给水管道平面图

管道平面图是小区给水管道系统最基本的图纸，通常采用 1：500～1：1000 的比例绘制，在管道平面图上应能表达出如下内容：

（1）现状道路或规划道路的中心线及折点坐标；

（2）管道代号、管道与道路中心线或永久性固定物间的距离、节点号、间距、管径、管道转角处坐标及管道中心线的方位角，穿越障碍物的坐标等；

（3）与管道相交或相近平行的其他管道的状况及相对关系；

（4）主要材料明细表及图纸说明。

三、小区给水管道纵剖面图

管道纵剖面图是反映管道埋设情况的主要技术资料，一般纵向比例是横向比例的 5～20 倍（通常取 10 倍），管道纵剖面图如图 6-13 所示，主要表达以下内容：

（1）管道的管径、管材管道代号、管长和坡度；

（2）管道所处地面标高、管道的埋深；

（3）与管道交叉的地下管线、沟槽的截面位置和标高等。

四、节点详图

小区给水管网设计中，若平面图与纵剖面图不能完整、清晰地描述，则应以大样图的形式加以补充。大样图可分为节点详图、附属设施大样图和特殊管段布置大样图。

节点详图是用标准符号绘出节点上各种配件（三通、四通、弯管、异径管等）和附件（阀门、消火栓、排气阀等）的组合情况。

第五节　居住小区排水系统

小区排水系统的主要任务是接收小区内各建筑内外用水设备产生的污废水及小区屋面、地面雨水，并经相应的处理后排至城镇排水系统或水体。

一、排水体制

居住小区排水体制的选择，应根据城镇排水体制、环境保护要求等因素进行综合比较，从而确定采用分流制或是合流制。

居住小区内的分流制，是指生活污水管道和雨水管道分别采用不同管道系统的排水方式；合流制，是指同一管渠内接纳生活污水和雨水的排水方式。

分流制排水系统中，雨水由雨水管渠系统收集就近排入水体或城镇雨水管渠系统；污水则由污水管道系统收集，输送到城镇或小区污水处理厂进行处理后排放。根据环境保护要求，新建居住小区应采用分流制系统。

居住小区内排水需要进行中水回用时，应设分质、分流排水系统，即粪便污水和生活废水（杂排水）分流，以便将杂排水收集作为中水原水。

二、排水系统的组成

（1）管道系统。包括集流小区的各种污废水和雨水管道及管道系统上的附属构筑物。管道包括接户管、小区支管和小区干管；管道系统上的附属构筑物种类较多，主要包括：检查井、雨水口、溢流井和跌水井等。

（2）污废水处理设备构筑物。居住区排水系统污废水处理构筑有：在与城镇排水连接处有化粪池、在食堂排出管处有隔油池、在锅炉排污管处有降温池等简单处理的构筑物。若污水回用，根据水质采用相应中水处理设备及构筑物等。

（3）排水泵站，如果小区地势低洼，排水困难，应视具体情况设置排水泵站。

三、排水管道的布置与敷设

排水管道布置应根据小区总体规划、道路和建筑的布置、地形标高、污水雨水流向等按管线短、埋深小、尽量自流排出的原则确定。

1. 污水管道的布置与敷设

排水管道宜沿道路和建筑物的周边呈平行布置，路线最短，减少转弯，并尽量减少相互间及与其他管线、河流及铁路间的交叉；检查井间的管段应为直线；管道与铁路、道路交叉时，应尽量垂直于路的中心线；干管应靠近主要排水建筑物，并布置在连接支管较多的一侧；管道应尽量布置在道路外侧的人行道或草地的下面。不允许平行布置在铁路的下面和乔木的下面；应尽量远离生活饮用水给水管道。

小区内污水管道布置的程序一般按干管、支管、接户管的顺序进行，布置干管时应考虑支管的接入位置，布置支管时应考虑接户管的接入位置。

敷设污水管道，要注意在安装和检修管道时，不应互相影响；管道损坏时，管内污水不得冲刷或侵蚀建筑物以及构筑物的基础和污染生活饮用水管道；管道不得因机械振动而被破坏，也不得因气温过低而使管内水流冰冻；污水管道及合流制管道与生活给水管道交叉时，应敷设在给水管道下面。

污水管材应根据污水性质、成分、温度、地下水侵蚀性，外部荷载、土壤情况和施工条件等因素，因地制宜，就地取材。一般情况下，重力流排水管宜选用埋地塑料管、混凝土或钢筋混凝土管；排至小区污水处理装置的排水管宜采用塑料排水管；穿越管沟、河道等特殊地段或承压的管段可采用钢管或球墨铸铁管，若采用塑料管应外加金属套管（套管直径较塑料管外径大 200mm）；当排水温度大于 40℃时应采用金属排水管；输送腐蚀性污水的管道可采用塑料管。

居住小区污水管与室内排出管连接处、管道交汇处、转弯、跌水、管径或坡度改变处以及直线管段上一定距离应设检查井。小区内的生活排水管管径小于、等于 150mm 时，检查井间距不宜大于 20m；管径大于、等于 200mm 时，检查井间距不宜大于 30m。

2. 小区雨水管道系统的布置

雨水管渠系统设计的基本要求是通畅、及时的排走居住小区内的暴雨径流量。根据城市规划要求，在平面布置上应尽量利用自然地形坡度，以最短的距离靠重力流排入水体或城镇雨水管道。雨水管道应平行道路敷设且布置在人行道或花草地带下，以免积水时影响交通或维修管道时破坏路面。

雨水口是收集地面雨水的构筑物，小区内雨水不能及时排除或低洼处形成积水往往是由于雨水口布置不当造成的。小区内雨水口的布置一般根据地形、建筑物位置，沿道路布置。在道路交汇处和路面最低点、建筑物单元出入口与道路交界处、建筑物雨水落管附近、小区空地和绿地的低洼处和地下坡道入口处设置雨水口。雨水口沿街道布置间距一般为 20 ~ 40m，雨水口连接管长度不超过 25m，每根连接管上最多连接两个雨水口。

四、小区排水提升和污水处理

1. 小区排水提升

居住小区排水依靠重力自流排除有困难时，应及时考虑排水提升措施。设置排水泵房时，尽量单独建造，并且距居住建筑和公共建筑 25m 左右，以免污水、污物、臭气、噪声等对环境产生影响，并应有卫生防护隔离带。泵房设计应按现行的《室外排水设计规范》执行，排水泵房的设计流量与排水进水管的设计流量相同。污水泵房机组的设计流量按最大小时流量计算，雨水泵房机组的设计流量按雨水管道的最大进水流量计算。水泵扬程根据污、雨水提升高度和管道水头损失及自由水头计算决定。自由水头一般采用 1.0m。

污水泵尽量选用立式污水泵、潜水污水泵，雨水泵则应尽量选用轴流式水泵。雨水泵不得少于两台，以满足雨水流量变化时可开启不同台数进行工作的要求，同时可不考虑备用泵。污水泵的备用泵数量根据重要性、工作泵台数及型号等确定，但不得少于一台。

污水集水池的有效容积，根据污水量、水泵性能及工作情况确定。其容积一般不小于泵房内最大一台泵 5min 的出水量，当水泵机组为自动控制时，每小时开启水泵次数不超过 6 次。集水池有效水深一般在 1.5 ~ 2.0m（以水池进水管设计水位至水池吸水坑上缘计）。

雨水集水池容积不考虑调节作用，按泵房中安装的最大一台雨水泵 30s 的出水量计算，集水池的设计最高水位一般以泵房雨水管道的水位标高计。

2. 小区污水排放和污水处理

（1）小区污水排放。居住小区内的污水排放应符合现行《污水综合排放标准》和《污水排入城市下水道水质标准》规定的要求。

一般居住小区内污水都是生活污水，符合排入城市下水道的水质要求，小区污水应就近排至城镇污水管道。如果小区内有公共建筑的污水水质指标达不到排入城市下水道水质标准时（如医院污水的细菌指标、饮食行业的油脂指标等），则必须进行局部处理后方能排入小区和城镇污水管道。

如果小区远离城镇或其他原因使污水不能排入城镇污水管道，这时小区污水应根据排放水体的情况，严格执行《污水综合排放标准》，一般要采用二级生物处理达标后方能排放。

（2）小区污水处理设施的设置。小区内是否设置污水处理设施，应根据城镇总体规划，按照小区污水排放的走向，由城镇排水总体规划管理部门统筹决定。设置的原则有以下几个方面：

①城镇内的居住小区污水尽量纳入城镇污水集中处理工程范围之内，城镇污水的收集系统应及时敷设到居住小区。

②城镇已建成或已确定近期要建污水处理厂，小区污水能排入污水处理厂服务范围的城镇污水管道，小区内不应再建污水处理设施。

③城镇未建污水处理厂，小区污水在城镇规划的污水处理厂的服务范围之内，并已排入城镇管道收集系统，小区内不需建集中的污水处理设施。是否要建分散或过渡处理设施应持慎重态度，由当地政府有关部门按国家政策权衡决策。

④小区污水因各种原因无法排入城镇污水厂服务范围的污水管道，应坚持排放标准，按污水排放去向设置污水处理设施，处理达标后方能排放。

⑤居住小区内某些公共建筑污水中含有毒、有害物质或某些指标达不到排放标准，应设污水局部处理设施自行处理，达标后方能排放。

（3）小区污水处理技术。小区污水的水质属一般生活污水，所以城市污水的生物处理技术都能适用于小区污水处理。化粪池处理技术，长期以来一直在国内作为污水分散或预处理的一项主要处理设施，曾起到一定作用。居住小区内设置化粪池时，采用分散还是集中布置，应根据小区建筑物布置、地形坡度、基地投资、运行管理和用地条件等综合比较方能确定。

居住小区的规模较大，集中处理污水量达千立方米以上的规模，小区污水处理可按现行《室外排水设计规范》选择合适的生物处理工艺，进行污水处理构筑物的设计计算。在选择处理工艺时，应充分考虑小区设置特点，处理构筑物最好能布置在室内，并且要做到对周围环境的影响应降到最低。

居住小区规模较小（组团级）或污水分散处理，处理污水设计流量小，这时处理设施可采用二级生物处理要求设计的污水处理装置进行处理。目前，我国有不少厂家生产这类小型污水处理装置，采用的处理技术一般为好氧生物处理，也有厌氧／好氧生物处理。如果这类处理装置运行管理正常，能达到国家规定的二级排放标准（可向Ⅳ、Ⅴ类水域排放）。人工湿地应增加预处理，并且与绿化相结合。

第十二章　特殊地区给排水管道

第一节　湿陷性黄土区给排水管道

一、湿陷性黄土区特点

我国的湿陷性黄土区主要分布在陕西、甘肃、山西、河南、内蒙古、青海、宁夏、新疆和东北的部分地区，湿陷性黄土的主要特点是在天然湿度下具有很高的强度，可以承受一般建筑物或构筑物的重量，但是在一定压力下受水浸湿后，黄土结构迅速被破坏，表现出极大的不稳定性，会产生显著下沉的现象，故称作湿陷性黄土。

建筑在湿陷性黄土区的建筑物或构筑物，常因给排水管道漏水而造成湿陷事故，使建筑物遭受破坏。为了避免湿陷事故的发生，保证建筑物的安全和正常使用，在设计中不仅要考虑防止管道和构筑物的地基因受水浸湿而引起沉降的可能性，而且还要考虑给排水管道和构筑物漏水而使附近建筑物发生湿陷的可能性。对于湿陷性黄土地区的给排水管道，应根据我国湿陷性黄土地区建筑规范的规定，以及根据施工、维护、使用等条件，因地制宜，采取合理有效的措施。

二、管道布置要求

（1）在设计时，要求有关专业充分考虑湿陷性黄土的特点，尽量使给水点、排水点集中，避免管道过长、埋设过深，从而减少漏水机会。

（2）管道布置应有利于及早发现漏水现象，以便及时维修和排除事故，为此室内给排水管道应尽量明装，给水管由室外进入室内后，应立即翻出地面，排水支管应尽量沿墙敷设在地面上或悬吊在楼板下，厂房雨水管道应悬吊明装或采取外排水方式。

（3）当室内埋地管道较多时，可视具体情况采取综合管沟的方案。

（4）为便于检修，室内给水管道，在引入管、干管或支管上适当增加阀门。

（5）给排水管道穿越建筑物承重墙或基础时，应预留孔洞。

（6）在小区或街坊管网设计中，注意各种管道交叉排列，做好小区或街坊管网的管道综合布置。

三、管材及管道接口

1.管材选用

敷设在湿陷性黄土地区的给排水管道，其材料应经久耐用，管材质量一般应高于一般地区的要求。

（1）压力管道应采用钢管、给水铸铁管或预应力钢筋混凝土管。自流管道应采用铸铁管、离心成型钢筋混凝土管、内外上釉陶土管或耐酸陶土管。

（2）当室内排水采用排水沟时，排水沟应采用钢筋混凝土结构，并做防水层。

（3）湿陷性黄土对金属管材有一定的腐蚀作用，故对埋地铸铁管应做好防腐处理，对埋地钢管及钢配件应加强防腐处理。

2.管道接口

给排水管道的接口必须密实，并有柔性，即使在管道有轻微的不均匀沉降时，仍能保证接口处不渗不漏。

镀锌钢管一般采用螺纹连接；焊接钢管、无缝钢管采用焊接；承插式给水铸铁管，一般采用石棉水泥接口；承插式排水铸铁管，采用石棉水泥接口；承插式钢筋混凝土管、承插式混凝土管和承插式陶土管，一般采用石棉水泥沥青玛碲脂接口，不宜采用水泥砂浆接口；钢筋混凝土或混凝土排水管，一般采用套管（套环）石棉水泥接口，不宜采用平口抹带接口；自应力水泥砂浆接口和水泥砂浆接口等刚性接口，不宜在湿陷性黄土地区采用。

四、检漏设施

检漏设施包括检漏管沟和检漏井。一旦管道漏水，水可沿管沟排至检漏井，以便及时发现进行检修。

1.检漏管沟

埋设管道敷设在检漏管沟中，是目前广泛采用的方法。检漏管沟一般做成有盖板的地沟，沟内应做防水，要求不透水。

对直径较小的管道，采用检漏管沟困难时，可采用套管，套管应采用金属管道或钢筋混凝土管。

检漏管沟的盖板不宜明设，若为明设时应在人孔采取措施，防止地面水流入沟中。

检漏管沟的沟底应坡向检查井或集水坑，坡度不应小于0.005，并应与管道坡度一致，以保证在发生事故时水能自流到检漏井或集水坑。

检漏管沟截面尺寸的选择，应根据管道安装与维修的要求确定，一般检漏管沟宽不宜小于600mm，当管道多于两根以上时，应根据管道排列间距及安装检修要求确定管沟尺寸。

2. 检漏井

检漏井是与检漏管沟相连接的井室，用来检查给排水管道的事故漏水。

检漏井的设置，以能及时检查各管段的漏水为原则，应设置在管沟末端或管沟沿线分段检漏处，并应防止地面水流入，其位置应便于寻找识别、检漏和维护。检漏井应设有深度不小于300mm的集水坑，可与检查井或阀门井共壁合建。但阀门井、检查井、消火栓井、水表井等均不得兼做检漏井。

第二节 地震区给排水管道

地震后，按受震地区地面影响和破坏的强度程度，地震烈度共分为12度，在6度及6度以下时，一般建筑物仅有轻微破坏，不致造成危害，可不设防；但是7度及以上时，一般建筑物将遭到破坏，造成危害，必须设防；10度及10度以上时，因毁坏太严重，设防费用太高或无法设防，只能结合工程情况做专门处理研究。我国仅对于7～9度地震区的建筑物编制了规范和标准，本节介绍的也仅为7～9度地震地区给排水工程一般设防要求。

一、地震防震的一般规定

根据地震工作以预防为主的方针，给排水设施的要求是：在地震发生后，其震害不致使人民生命和重要生产设备遭受危害；建筑物和构筑物不需修理，或经一般修理后仍能继续使用；对管网的震害控制在局部范围内，尽量避免造成次生灾害，并便于抢修和迅速恢复使用。

二、管道设计

1. 建筑外部管道设计要求

（1）线路的选择与布置。地震区给排水管道应尽量选择在良好的地基上，应尽量避免水平或竖向的急剧转弯；干管宜敷设成环状，并适当增设控制阀门，以便于分割供水和检查，如因实际需要，干管敷设成枝状时，宜增设连通管。

（2）管材选择。地震区给排水管材宜选择延性较好或具较好柔性、抗震性能良好的管材，例如钢管、胶圈接口的铸铁管和胶圈接口的预应力钢筋混凝土管。埋地管道应尽量采用承插式铸铁管或预应力钢筋混凝土管；架空管道可采用钢管或承插式铸铁管；过河的倒虹管以及穿过铁路或其他交通干线的管道，应采用钢管，并在两端设阀门；敷设在可液化土地段的给水管道主干管，宜采用钢管，并在两端增设阀门。

（3）管道接口方式的选择。地震区给排水管道接口的选择是改善管道抗震性能的关键，采用柔性接口是管道抗震最有效的措施。柔性接口中，胶圈接口的抗震性能较好；胶圈石棉水泥或胶圈自应力水泥接口为半柔性接口，抗震性能一般；青铅接口由于允许变形量小，不能满足抗震要求，故不能作为抗震措施中的柔性接口。

阀门、消防栓两侧管道上应设柔性接口。埋地承插式管道的主要干支线的三通、四通、大于 45° 弯头等附件与直线管段连接处应设柔性接口。埋地承插式管道当通过地基地质突变处，应设柔性接口。

（4）室外排水管网的设计要求

①地震区排水管道管线选择与布置应尽量选择良好的地基，宜分区布置，就近处理和分散出口。各个系统间或系统内的干线间，应适当设置连通管，以备下游管道被震坏时，作为临时排水之用，如图 7-8 所示。连通管不做坡度或稍有坡度，以壅水或机械提升的方法，排出被震坏的排水系统中的污废水，污水干道应设置事故排出口。

②设计烈度为 8 度、9 度，敷设在地下水位以下的排水管道，应采用钢筋混凝土管；在可液化土地段敷设的排水管道，应采用钢筋混凝土管，并设置柔性接口。圆形排水管应设管基，其接口应尽量采用钢丝网水泥抹带接口，接口做法详见国标 GBS222 — 30 — 10。

2.建筑内部管道设计要求

（1）管材和接口。一般建筑物的给水系统采用镀锌钢管或焊接钢管，接口采用螺纹接口或焊接；排水系统采用排水铸铁管，石棉水泥接口。高层建筑的排水管道当采用排水铸铁管、石棉水泥接口时，管道与设备机器连接处须加柔性接口。

（2）管道布置。管道固定应尽量使用刚性托架或支架，避免使用吊架；各种管道最好不穿过抗震缝，而在抗震缝两边各成独立系统，管道必须穿抗震缝时，须在抗震缝的两边各装一个柔性接头；管道穿过内墙或楼板时，应设置套管，套管与管道间的缝隙，应填柔性耐火材料；管道通过建筑物的基础时，基础与管道间须留适当的空隙，并填塞柔性材料。

参考文献

[1] 梁佳莉 . 浅谈建筑给排水设计中的常见问题与解决措施 [J]. 中文科技期刊数据库（全文版）工程技术 , 2022(11):4.

[2] 叶秀珠 . 市政工程给排水管道承插口施工技术分析 [J]. 建筑与装饰 , 2022(010):18.

[3] 万涛 . 浅谈建筑给排水安装施工的质量问题与控制 [J]. 中文科技期刊数据库（全文版）工程技术 , 2022(9):3.

[4] 朱耿龙 . 给排水新技术在建筑给排水施工中的应用探究 [J]. 中文科技期刊数据库（全文版）工程技术 , 2022(9):3.

[5] 段利明 . BIM 技术在建筑给排水设计与优化中的应用 [J]. 中文科技期刊数据库（引文版）工程技术 , 2022(11):4.

[6] 李浩 . 建筑给排水施工中节水节能设计与技术措施分析 [J]. 工程建设 (2630-5283), 2022(007):005.

[7] 郝金凤 . 高层建筑给水排水工程设计及施工技术研究 [J]. 建材与装饰 , 2022(018):018.

[8] 张睿智 . 某高层建筑给排水设计及施工技术要点探讨 [J]. 中国住宅设施 , 2023(1):3.

[9] 李浩 . 建筑给排水施工中节水节能设计与技术措施分析 [J]. 工程建设（维泽科技）, 2022, 5(7):3.

[10] 李龙润 . 试论建筑工程中给水排水管道的施工技术应用和施工要点 [J]. 中文科技期刊数据库（全文版）工程技术 , 2022(11):4.

[11] 淡昭 . 浅析建筑给排水工程施工技术管理要点与难点 [J]. 建筑·建材·装饰 , 2022(009):16.

[12] 杨杰 . 浅谈建筑工程给排水设计与施工 [J]. 建筑发展 , 2022, 5(6):101-102.

[13] 李振 , 刘忠凯 , 毕云洋 . 一种建筑工程的给排水管安装辅助工具 :, CN216520100U[P]. 2022.

[14] 武晓东 . 建筑给排水工程常见渗漏问题及解决方法 [J]. 建筑工程技术与设计 , 2022(3):22-24.

[15] 吴琼 . 浅谈高层建筑给排水施工技术与质量控制 [J]. 中文科技期刊数据库 (全文版) 工程技术 , 2022(2):4.

[16] 张超 . 智能化技术在建筑给排水工程中的应用 [J]. 工程建设与设计 , 2022(010):15.

[17] 陈翔 . 建筑工程给排水管道施工质量控制措施 [J]. 中文科技期刊数据库 (引文版) 工程技术 , 2022(10):4.

[18] 兰文飞 . 建筑给排水施工安装技术措施 [J]. 中文科技期刊数据库 (引文版) 工程技术 , 2022(4):3.

[19] 朱虹 . 节能技术在建筑工程给排水设计中的应用 [J]. 供水技术 , 2022, 16(1):63-64.

[20] 付宁华 , 汪红科 . 城建工程给排水施工技术要点分析 [J]. 工程技术 (文摘版) 建筑 , 2022(26).

[21] 唐卫府 . 高层建筑给排水施工技术要点分析 [J]. 工程建设标准化 , 2022(1):0189-0190.

[22] 王雪 . 建筑给排水工程施工技术的改进和发展 [J]. 产城 : 上半月 , 2022(6).16.